高等职业教育智能光电技术应用专业群产教融合新形态教材
高等职业教育智能光电技术应用专业群现场工程师新型活页式教材

U0205566

人工智能综合项目开发

主　编　李爱民　吴青峰

副主编　刘一畅

参　编　谢　苏

西南交通大学出版社
·成　都·

图书在版编目（CIP）数据

人工智能综合项目开发 / 李爱民，吴青峰主编.
成都 ： 西南交通大学出版社，2024.8. -- ISBN 978-7
-5643-9991-7

Ⅰ．TP18

中国国家版本馆 CIP 数据核字第 2024L8Q222 号

Rengong Zhineng Zonghe Xiangmu Kaifa
人工智能综合项目开发

主　编／李爱民　　吴青峰

策划编辑／李芳芳　　李华宇　　余崇波
责任编辑／李华宇
责任校对／左凌涛
封面设计／吴　兵

西南交通大学出版社出版发行
（四川省成都市金牛区二环路北一段 111 号西南交通大学创新大厦 21 楼　　610031）
营销部电话：028-87600564　　028-87600533
网址：http://www.xnjdcbs.com
印刷：四川玖艺呈现印刷有限公司

成品尺寸　185 mm×260 mm
印张　12.25　　字数　314 千
版次　2024 年 8 月第 1 版　　印次　2024 年 8 月第 1 次

书号　ISBN 978-7-5643-9991-7
定价　42.00 元

课件咨询电话：028-81435775

随着全球科技竞争日益激烈，人工智能（AI）技术作为引领新一轮科技革命和产业变革的战略性技术，正逐步渗透到社会经济的各个领域，展现出巨大的发展潜力和广阔的应用前景。

近年来，教育部先后印发《国家职业教育改革实施方案》《职业院校教材管理办法》《"十四五"职业教育规划教材建设实施方案》，明确提出建设一大批校企"双元"合作开发的国家规划教材，倡导使用新型活页式、工作手册式教材并配套开发信息化资源。每三年修订一次教材，其中专业教材随信息技术发展和产业升级情况及时动态更新。本书正是依据这些政策导向，结合成都职业技术学院人工智能技术应用专业的实际需求，与企业深度合作编写的。

成都职业技术学院积极响应国家关于大力发展职业教育、加快培养高素质技术技能人才的号召，紧密围绕高职院校相关政策中关于"深化产教融合、校企合作，推进人才培养模式改革"的具体要求，将人工智能技术应用专业作为重点发展领域，积极引入行业企业的真实案例和技术需求，使学生能够在学习过程中贴近产业实际，了解行业动态，致力于培养符合产业发展需求、具备创新精神和实践能力的高素质技术技能型人才。

本书结合人工智能技术的发展趋势、嵌入式人工智能和边缘计算技术的最新进展，以及产业发展的实际需求，涵盖了嵌入式人工智能、机器学习、深度学习等关键技术，通过具体案例详细讲解了人脸检测、车牌识别、物体分类等应用场景的开发过程，通过实际项目的开发过程，让学生全面掌握人工智能技术的基础知识、开发流程和实际应用能力。

在编写过程中，我们特别注重以下几个方面：

1. 理论与实践相结合

教材通过丰富的项目案例，让学生在实践中学习理论知识，通过动手操作加深对概念的理解和应用。每个项目都包含详细的设计思路、实施步骤和调试技巧，旨在培养学生的动手能力和解决实际问题的能力。

2. 紧跟产业发展趋势

教材内容紧密结合人工智能技术的发展前沿和产业发展需求，介绍了当前最热门、最实用的技术和工具，如 TensorFlow、PyTorch 等深度学习框架，以及嵌入式 AI 系统的开发与应用，确保学生所学知识能够与社会需求紧密对接。

3. 强调系统思维和创新能力

每个项目的设计都力求引导学生从系统化的角度出发，全面考虑项目实施的各个环节，培养学生的系统思维能力。同时，鼓励学生在项目实施过程中发挥创意，勇于尝试和创新，以培养他们的创新意识和实践能力。

4. 注重职业素养的培养

"润物细无声"地融入课程思政元素，教材在传授专业知识的同时，也注重培养学生的职业素养和团队协作能力。通过项目开发和团队合作的过程，让学生认识到职业素养在职业生涯中的重要性，并学会与他人有效沟通和协作。

通过本书的学习，学生不仅能够掌握人工智能领域的基础知识，如机器学习、深度学习、计算机视觉等，还能深入了解嵌入式系统开发与优化、边缘计算技术的原理与应用。同时，教材注重培养学生的系统思维能力和创新能力，通过一系列综合项目的实践，引导学生从需求分析、方案设计、算法实现到系统部署的全流程参与，使学生在实践中发现问题、解决问题，不断提升自身的专业技能和综合素质。

本书由成都职业技术学院李爱民、吴青峰担任主编，刘一畅担任副主编，谢苏参与编写。具体编写分工如下：李爱民负责理论篇的编写，吴青峰负责应用篇项目一、二、三、四的编写，刘一畅负责应用篇项目五、六、七的编写，谢苏负责应用篇项目案例代码的验证。

由于编者水平有限，书中难免出现错误与不足，期待广大师生在使用过程中提出宝贵的意见和建议，以便我们不断完善和优化教材内容，共同推动我国人工智能技术应用专业教育事业的蓬勃发展。

编　者

2024 年 7 月

扫一扫获取数字资源

目 录

ABC

理 论 篇

应 用 篇

理论篇

第一章 人工智能基础

1.1 人工智能应用开发概述

随着 5G、人工智能和物联网技术的蓬勃发展，智能连接时代已经来临，新兴的智能终端和解决方案将越来越依赖于嵌入式技术。社会的各行各业都进入了智能化升级改造的浪潮中，将人工智能技术融入实际的场景中，能够辅助或者代替人类工作，提高工作效率，已成为重点研究的课题。

从人工智能技术应用的角度出发，可分为云端人工智能和端侧人工智能两种。云端人工智能指传感器收集到的数据不做任何处理，直接传送到云端，在云端对数据进行计算处理。端侧人工智能指数据在智能传感器、智能节点等嵌入式端侧中直接进行计算处理。云端人工智能依靠云的计算能力和标签化的大数据对算法进行性能提升和优化。端侧人工智能是从 PC（个人计算机）端互联网搬移到智能化终端的具体应用，且嵌入式设备无须联网通过云端数据中心进行大规模计算去实现人工智能，而是在本地计算，在不联网的情况下就可以做到实时的环境感知、人机交互、决策控制。因此，云端计算的人工智能致力于如何更好地解决问题，而端侧的人工智能则致力于如何更加经济地解决问题。

本章主要讲述嵌入式与人工智能的关系、嵌入式人工智能的开发流程、嵌入式人工智能的应用场景。

1.2 嵌入式与人工智能的关系

1.2.1 人工智能的定义

人工智能（Artificial Intelligence，AI），即利用机器模拟人类感知、学习、认知、推理、决策、交互等过程的一门技术。总体来说，人工智能就是要让机器的行为看起来像是人所表现出的智能行为一样。AI 在工作中的应用价值如图 1-1-1 所示。

通过图 1-1-1 可知，人工智能能够胜任日常工作生活中绝大部分类别的工作，能够解决业务场景中高度复杂的计算问题，自主适应环境、主动配合人的工作，在一定程度上通过计算机运算帮助人们完成观察、认知与决策的过程。而人类比较适合做决策相关的任务，能够定义业务问题，确定目标边界，拆解问题，寻找完整的解决方法等。

通过人工智能技术能够更好地辅助或者代替人类工作，提升工作效率，让人类能够解脱出来做更多的决策工作，创造更大的价值。

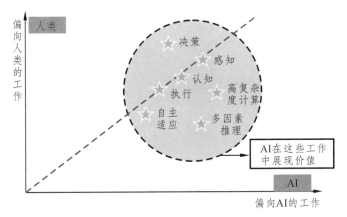

图 1-1-1 AI 在工作中的应用价值

1.2.2 行业智能化发展浪潮

由图 1-1-2 可知，随着人工智能技术的普及应用，许多传统行业都进入了智能化升级改造的进程中，如智能制造、智慧农业、智慧物流、智慧商务、智慧金融、智慧交通、智慧医疗、智慧养老、智慧环保等。同时，人工智能技术的发展也促进了新兴产业的发展，如智能软硬件、智能机器人、智能运载工具、智能终端、虚拟现实/增强现实等。智能化的升级改造必将是未来发展的主要趋势，使用人工智能技术可以在社会的各行各业中大放异彩，由此可以更加体现出人工智能技术结合行业落地应用的重要性。

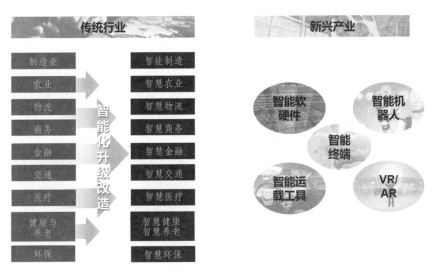

图 1-1-2 智能化升级改造

1.2.3 行业智能化的关键思维

行业智能化的发展离不开人工智能技术的支撑，从系统化的思维角度出发可拆分出，构建一个完整的智能应用系统需要包含输入、传输、计算、存储、输出五大部分，如图 1-1-3 所示，例如智慧交通、智能家居、智慧零售、智能音箱、智能手机、可穿戴设备等，都需要由这五大部分构成最终的智能系统。

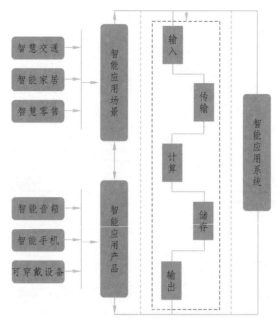

图 1-1-3　智能应用系统的组成

人工智能不仅仅是一项技术，而是一种认识和思考世界的方式。人工智能技术要发挥价值就必须跟行业智能化需求相匹配，针对特定的产品或应用场景做智能化升级改造，通过人工智能基础知识的积累和系统化思维的构建输出产品方案或解决方案，从而实现人工智能技术的落地应用，如图 1-1-4 所示。

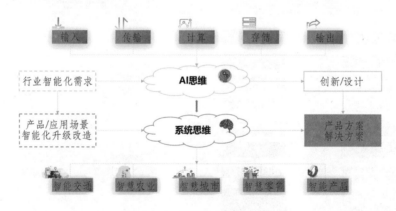

图 1-1-4　智能化的关键思维

1.2.4　边缘计算基础概述

人工智能已经从技术走向应用，如何将 AI 技术真正落地，解决每个应用场景中人们的实际需求，才是关键。而这个过程中嵌入式技术将成为 AI 落地的重要承载平台，促使人工智能在各个垂直行业落地生根。

嵌入式 AI：让人工智能算法可以在嵌入式智能终端设备上运行的一种技术概念。嵌入式系统是"主体"，人工智能是"装备"，强大的"属性加成"以模块来呈现，提供新功能改进现有功能，让智能更上一层楼，如图 1-1-5 所示。

图 1-1-5 嵌入式系统+AI

云端人工智能需要使用网络传输，实时性和安全性都无法得到保障。使用嵌入式人工智能在端侧可实时处理数据，并且数据安全和可靠性得到保障。算力下沉到边缘端已成为趋势，嵌入式 AI 有低时延、高带宽、高可靠、海量连接、异构汇聚、本地安全等特点，如图 1-1-6 所示。

图 1-1-6 嵌入式 AI 的特点

1.2.5 嵌入式人工智能开发流程

嵌入式人工智能可分为基础支撑层、技术驱动层和场景应用层。基础支撑层主要包含操作系统、编程语言、硬件平台等作为程序运行的基础支撑；技术驱动层主要包含理论及算法、技术平台/框架、通用技术等，通过对图像处理、机器学习和深度学习等技术的理论支撑，结合各种软件框架实现图像识别、目标检测、图像分割、语音识别、语音合成、多传感器融合等通用技术；场景应用主要是 AI 场景的落地应用，通过对通用技术的理解结合人工智能思维在实际的场景中落地应用，如智能无人车、智能可穿戴设备、智能移动机器人、智能无人机等，如图 1-1-7 所示。

嵌入式人工智能开发主要包括两大部分，即人工智能模型训练和嵌入式终端模型部署。人工智能模型训练主要在 PC 端进行，包括数据处理、模型训练、模型优化等。嵌入式端主要是结合实际场景部署和应用人工智能模型，如图 1-1-8 所示。

嵌入式人工智能开发的三个环节：模型训练、模型转换、模型部署。模型训练需要在 PC 端完成，使用深度学习框架构建模型，并完成模型训练，常用的深度学习框架有 PyTorch、TensorFlow、PaddlePaddle 等；模型转换主要是进行模型优化，对模型进行剪枝、量化等操作，在损失较小模型识别精度的同时，极大地降低模型大小，便于在嵌入式端运行；模型部署根据模型转换后的模型编写模型推理代码，实现嵌入式端的模型部署及应用，常用的模型推理框架有 OpenCV DNN、OpenVINO、TensorFlow Lite、PaddleLite、TensorRT、ONNX、Tengine 等，如图 1-1-9 所示。

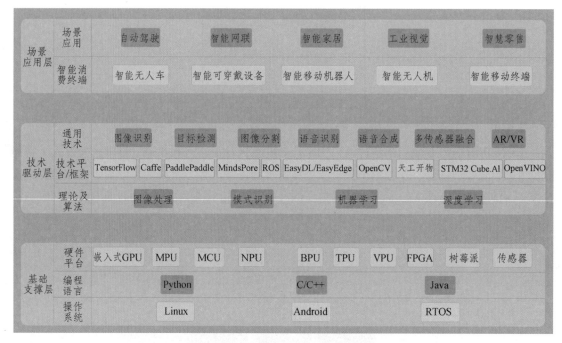

图 1-1-7　嵌入式人工智能体系结构

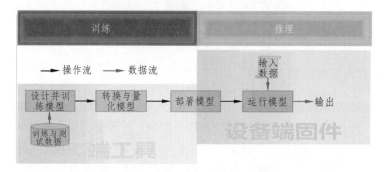

图 1-1-8　嵌入式人工智能开发流程

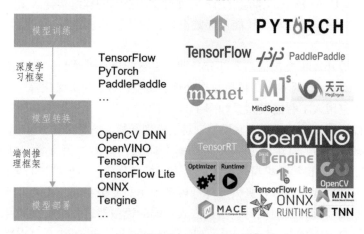

图 1-1-9　嵌入式 AI 的三个主要环节

1.2.6 嵌入式人工智能应用场景

嵌入式与人工智能的结合为各行各业垂直领域的应用带来巨大潜力。嵌入式人工智能广泛应用于零售、交通、运输、自动化、制造业及农业等行业。驱动市场的主要因素就是嵌入式人工智能技术在各种终端用户垂直领域的应用数量不断增加，尤其是改善对终端消费者的服务。嵌入式技术在人工智能时代，有了新的定义与前景，人工智能也为嵌入式的智能发展赋能，使嵌入式产品更快地走进千家万户，甚至未来绝大多数产品都是基于嵌入式设备的数据采集与智能处理分析，如用于物流的自动分拣机器人、智能快递柜等，用于城市交通中的无人驾驶汽车、交警机器人等，用于安防系统的智能摄像头、人脸识别、巡检机器人等，用于家居中的智能音箱、扫地机器人等，这些都是典型的嵌入式人工智能应用产品。

总而言之，人工智能的落地大多基于嵌入式技术，嵌入式技术为人工智能发展提供了硬件支撑。人类突破了早年的通信速度问题产生了万物互联，通过万物互联产生了大数据，通过大数据分析可以让设备拥有机器学习的能力。随着物联网、三网融合等高端技术的发展，嵌入式与人工智能相结合必将成为主流的核心技术。

1.3 开发环境搭建

通过本节学习将会对嵌入式人工智能应用需要的开发环境有整体的认识，并对整个环境的配置过程做到全面掌握。

1.3.1 Python 开发环境配置

Anaconda 指的是一个开源的 Python 发行版本，包含 conda、Python、科学计算工具等科学包，是一个用于数据科学、机器学习和深度学习的开源软件包管理系统。

Miniconda 只包含最基本的包和工具 conda、Python，需要的包可以通过 conda 来安装和管理。在官网下载 Miniconda，下载完成后双击.exe 文件启动安装向导，如图 1-1-10 所示。

图 1-1-10　Miniconda 安装

选择添加环境变量，如图 1-1-11 所示。

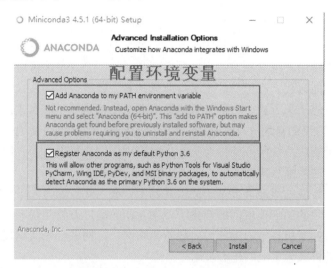

图 1-1-11　Miniconda 配置环境变量

如图 1-1-12 所示，点击"Finish"完成安装。

图 1-1-12　Miniconda 安装完成

1. Miniconda 创建 Python 虚拟环境

Python 之所以强大，除了语言本身的特性外，更重要的是拥有丰富的第三方库。强大的软件库，让开发者将精力集中在业务上，而避免"重复造轮子"的浪费。但众多的软件库，形成了复杂的依赖关系，对 Python 开发造成了不少困扰。conda 作为一个非常好的 Python 包管理软件，能轻松实现 Python 开发环境的管理。

使用 Miniconda 创建一个 python3.6 的环境，并安装 python3.6，命令如下：

```
conda install python=3.6
```

基于 python3.6 创建一个名为 test_py 的虚拟环境。

```
conda create --name test_py python=3.6
```

激活 test_py 虚拟环境。

```
conda activate test_py
```

退出虚拟环境。

```
conda deactivate
```

2. Miniconda 常用命令

可以使用 conda 直接安装和管理 Python 库。使用如下命令安装 Python 库：

```
conda install package_name
```

同时安装多个 Python 库时，用空格将 Python 库名隔开即可，例如同时安装 numpy、scipy、pandas 包命令如下：

```
conda install numpy scipy pandas
```

查看已安装的 Python 包：

```
conda list
```

根据 Python 包名搜索已安装的包：

```
conda search search_term
```

更新 Python 包：

```
conda update package_name
```

卸载 Python 包：

```
conda remove package_name
```

1.3.2　Python IDE 的使用

1. PyCharm 简介

PyCharm 是一种 Python IDE（Integrated Development Environment，集成开发环境），带有一整套可以帮助用户在使用 Python 语言开发时提高其效率的工具，如调试、语法高亮、项目管理、代码跳转、智能提示、自动完成、单元测试、版本控制等。

2. PyCharm 的安装

在 PyCharm 官网根据计算机版本选择不同的包进行下载，如图 1-1-13 所示。

下载完成后开始安装，安装目录推荐为 D 盘。

安装版本选择：Create Desktop Shortcut 创建桌面快捷方式，如图 1-1-14 所示，选择 64 位。勾选 Create Associations 是否关联文件，选择之后打开.py 文件，之后所有的.py 文件都将会用

PyCharm 软件打开。

图 1-1-13　PyCharm 软件

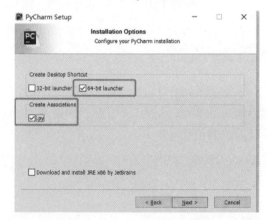

图 1-1-14　PyCharm 版本选择

3. PyCharm 的使用

如图 1-1-15 所示，点击 "Create New Project" 创建一个新的项目。

图 1-1-15　PyCharm 首次创建工程界面

如图 1-1-16 所示，输入路径，选择 Python 解释器。

图 1-1-16　PyCharm 路径选择

如图 1-1-17 所示，选择 Python 解释器，添加 Python 解释器后，PyCharm 就会扫描出目前已经安装的 Python 扩展包和这些扩展包的最新版本。

图 1-1-17　Python 解释器

点击"File"创建工程，如图 1-1-18 所示。

图 1-1-18　创建工程

点击"New"，创建 Python 文件，如图 1-1-19 所示。

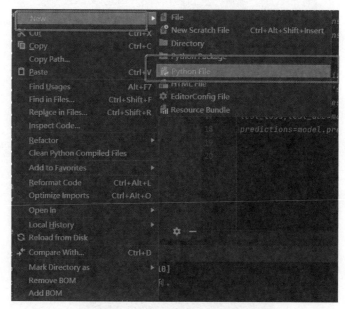

图 1-1-19　创建 Python 文件

点击"Run"运行程序，并将运行结果输出，如图 1-1-20 所示。

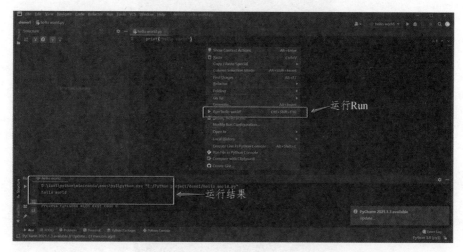

图 1-1-20　运行 Hello World

1.4　Linux 操作基础

在了解整个环境之后，对环境中的基本操作需要熟练掌握，本节对嵌入式人工智能的常用基本操作进行讲解和练习，为后面的实现案例打好基础。

1.4.1　Linux 操作基础

Linux 是一个高可靠、高性能的系统，而所有这些优越性只有在直接使用 Linux 命令行时

（shell 环境）才能充分地体现出来。

1. shell

说到命令行，实际上指的是 shell。shell 脚本解释程序，它接收从键盘输入的命令，然后把命令传递给操作系统去执行。几乎所有的 Linux 发行版都提供一个来自 GNU 项目名为 bash 的应用程序。bash 是 "Bourne Again SHell" 的缩写。bash 其实是 Unix 上的 shell 的一个增强版。

外接键盘、鼠标之后按下 "Ctrl+Alt+T" 键，即可弹出 Shell 终端，如图 1-1-21 所示。

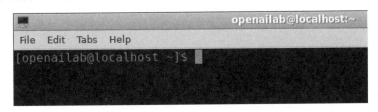

图 1-1-21 打开 Shell 终端

如图 1-1-21 所示，字符包括用户名@主机名、当前工作目录和一个美元符号。如果提示符的最后一个字符是 "#"，而不是 "$"，那么终端会话就是超级用户权限。

2. Linux 常用基础命令

1）ls 命令

ls 是 list 的缩写，通过 ls 命令不仅可以查看 Linux 文件夹包含的文件，而且可以查看文件权限（包括目录、文件夹、文件权限）、目录信息等。

例如，按大小反序显示文件详细信息。

```
$ ls -lrS
```

2）cd 命令

例如，返回上一级目录。

```
$ cd ...
```

3）mkdir 命令

mkdir 命令用于创建文件夹。

-m: 对新建目录设置存取权限，也可以用 chmod 命令设置。

-p: 可以是一个路径名称。此时若路径中的某些目录尚不存在，加上此选项后，系统将自动建立好那些尚不存在的目录，即一次可以建立多个目录。

例如，在当前工作目录下创建名为 test 的文件夹。

```
$ mkdir test
```

例如，在 tmp 目录下创建路径为 test/t1/t 的目录，若不存在，则创建：

```
$ mkdir -p /tmp/test/t1/t
```

4）rm 命令

除一个目录中的一个或多个文件或目录，如果没有使用 -r 选项，则 rm 不会删除目录。如果使用 rm 来删除文件，通常仍可以将该文件恢复原状。

例如，删除 test 子目录及子目录中所有档案删除，并且不用一一确认。

```
$ rm -rf test
```

5）df 命令

df 命令显示磁盘空间使用情况，获取硬盘被占用了多少空间、目前还剩下多少空间等信息，如果没有文件名被指定，则所有当前被挂载的文件系统的可用空间将被显示。默认情况下，磁盘空间将以 1 KB 为单位进行显示，除非环境变量 POSIXLY_CORRECT 被指定，那样将以 512 字节为单位进行显示。

例如，显示磁盘使用情况。

```
$ df -h
```

6）free 命令

free 命令显示系统内存使用情况，包括物理内存、交互区内存（swap）和内核缓冲区内存。

例如，显示内存使用情况。

```
$ free -h
```

7）find 命令

find 命令用于在文件树中查找文件，并作出相应的处理。

例如，查找/opt 目录下权限为 777 的文件。

```
$ find /opt -perm 777
```

8）cp 命令

cp 命令将源文件复制至目标文件，或将多个源文件复制至目标目录。

例如，复制 a.txt 到 test 目录下，保持原文件时间，如果原文件存在，提示是否覆盖。

```
$ cp -ai a.txt test
```

9）locate 命令

locate 命令通过搜寻系统内建文档数据库达到快速找到档案，数据库由 updatedb 程序来更新，updatedb 是由 crondaemon 周期性调用的。默认情况下 locate 命令在搜寻数据库时比由整个硬盘资料来搜寻资料快。

例如，搜索 etc 目录下所有以 sh 开头的文件。

```
$ locate /etc/sh
```

3. Python 程序运行

在嵌入式端运行 Python 程序时，首先确定端侧已搭建好 Python 环境，如图 1-1-22 所示，输入命令 python -V 查看 Python 版本号。

```
[root@iZm5ei44cqux4rtj6gj4t9Z bin]# python -V
Python 3.7.0
```

图 1-1-22　查看 Python 版本号

若同时安装了 Python2 和 Python3，如图 1-1-23 所示，输入命令 python3 -V 查看 Python3 版本号。

```
[root@iZm5ei44cqux4rtj6gj4t9Z bin]# python3 -V
Python 3.7.0
```

图 1-1-23 查看 Python3 版本号

如图 1-1-24 所示，在终端命令行输入 python 文件名.py，直接运行 Python 程序，如果安装的是 python3，则运行程序的命令为 python3 文件名.py。

```
[root@iZm5ei44cqux4rtj6gj4t9Z jupyterhub]# python test.py
Hello word!
```

图 1-1-24 运行 Python 程序示例

4. vim 编辑器

vim 是一个可以在 shell 中运行的可高度自定义的文本编辑器。vim 简洁而强大。下面对 vim 进行外观优化：

$ sudo apt-get install vim　# 安装 vim 编辑器
$ wget --no-check-certificate https://raw.githubusercontent.com/amix/vimrc/master/ vimrcs/basic.vim
// 复制 vim 的配置文件到你的~/.vimrc
$ cp basic.vim ~/.vimrc

优化后编辑 Python 文件时将会高亮显示语法关键字。

vim 共分为三种模式，分别是命令模式（Command mode）、输入模式（Insert mode）和底线命令模式（Last line mode）。

使用命令 vim 文件名，进入 vim 编辑器，如图 1-1-25 所示。

```
:~/Desktop$ vim test.py
```

图 1-1-25 进入 vim 编辑器

启动 vim 编辑器时，默认进入命令模式，在这个模式下，vim 编辑器会将按键解释成命令，无法对文件进行编辑，如图 1-1-26 所示。在命令模式下输入 q 即可退出 vim 编辑器。

图 1-1-26 vim 编辑器命令模式

在命令模式下键入"i"可进入插入模式，如图1-1-27所示。在插入模式下vim会将在光标位置输入的每个键都插入缓冲区，也就是直接输入到文本中，并在屏幕上打印出来。一般通过插入模式对文件进行编辑修改操作。编辑结束后，键入"ESC"退出插入模式返回命令模式，然后输入wq，即可保存并退出vim编辑器。

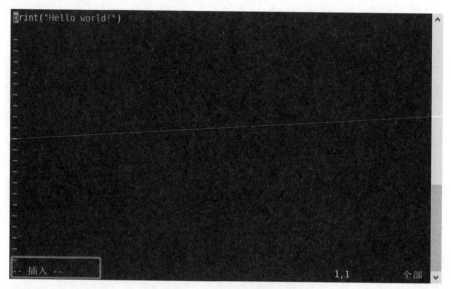

图1-1-27　vim编辑器插入模式

1.4.2　软件包安装与卸载

1. apt-get

Advanced Package Tool，又名apt-get，是一款适用于Unix和Linux系统的应用程序管理器，最初于1998年发布，用于检索应用程序并将其加载到Debian Linux系统。apt-get是一条linux命令，主要用于自动从互联网的软件仓库中搜索、安装、升级、卸载软件或操作系统。

apt-get安装和卸载软件包命令如下：

apt-get update：更新软件包信息库。

apt-get upgrade：更新所有已安装的软件包。

apt-get dist-upgrade：更新整个Debian系统。

apt-get install packagename：安装新软件包。

apt-get remove packagename:卸载已安装软件包（保留配置文件）。

apt-get -purge remove package_name：卸载已安装软件包（不保留配置文件）。

apt-get autoremove packagename：卸载已安装软件包（卸载依赖软件）。

apt-get autoclean：删除已卸载软件的安装包。

apt-get clean：删除已卸载和安装软件的安装包。

2. pip

pip是一个现代的、通用的python包的管理工具。pip也是一个Python库，提供了对Python包的查找、下载、安装和卸载功能。

一般来说，Python 需要什么包可以直接在线使用，输入

pip install 包名命令

即可，但是这种安装方法太慢，因为该方法需通过国外服务器下载。为提高 pip 的下载速度，这里提供了几个国内下载源：

清华源：https://pypi.tuna.tsinghua.edu.cn/simple。

阿里云：http://mirrors.aliyun.com/pypi/simple/。

中国科技大学：https://pypi.mirrors.ustc.edu.cn/simple/。

山东理工大学：http://pypi.sdutlinux.org/。

例如，使用清华源下载：

pip install -i https://pypi.tuna.tsinghua.edu.cn/simple numpy

在 pip 安装中，可能无法通过正常的 pip 命令来安装，下面将通过使用源码编译的方式来进行安装。Linux 离线安装 pip3 的详细步骤：

步骤 1：在官网下载安装包，如图 1-1-28 所示。

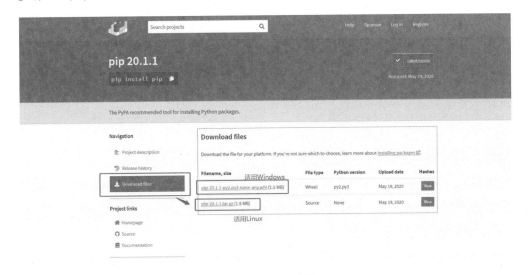

图 1-1-28　pip 官网

步骤 2：将下载好的安装包上传至 Linux 系统下。

步骤 3：使用如下命令对安装包进行解压。

tar -xf 文件名

步骤 4：使用 cd 命令进入解压好的文件所在路径。

步骤 5：执行如下命令进行安装。

sudo python3 setup.py install

pip 卸载命令：

pip uninstall 包名

1.5　常用开发工具的使用

1.5.1　SSH 远程连接

1. SSH 简介

Secure Shell（SSH）是由 IETF（The Internet Engineering Task Force，国际互联网工程任务组）制定的建立在应用层基础上的安全网络协议。它是专为远程登录会话（甚至可以用 Windows 远程登录 Linux 服务器进行文件互传）和其他网络服务提供安全性的协议，可有效弥补网络中的漏洞。通过 SSH，可以把所有传输的数据进行加密，也能够防止 DNS（域名系统）欺骗和 IP（网际互连协议）欺骗。还有一个好处是，传输的数据是经过压缩的，所以可以加快传输的速度。目前已经成为 Linux 系统的标准配置。

2. SFTP

SFTP（Secret File Transfer Protocol）是一种安全的文件传输协议，提供文件访问、传输和管理功能。它确保使用私有和安全的数据流来安全地传输数据。SFTP 要求客户端用户必须由服务器进行身份验证，并且数据传输必须通过 SSH 进行，即不传输明文密码或文件数据。它允许对远程文件执行各种操作，有点像远程文件系统协议。

3. SSH 基础用法

SSH 主要用于远程登录。例如，用户名为 user，登录远程主机为 host，只需输入如下命令即可。

```
$ ssh user@host
```

SSH 的默认端口是 22，如果不设置端口号登录，则会自动送到远程主机的 22 号端口，可以使用-p 选项来修改端口号，如连接到服务器端口的 1234。

```
ssh -p 1234 ldz@192.168.0.1
```

将$HOME/src/目录下面的所有文件，复制到远程主机的$HOME/src/目录。

```
$ cd && tar czv src | ssh user@host 'tar xz'
```

如果是第一次连接登录，系统会提示 "Are you sure you want to continue connecting (yes/no)?"（无法确认 host 主机的真实性，只知道它的公钥指纹，你还想继续连接吗？）：

```
$ ssh user@host
    The authenticity of host 'host (12.18.429.21)' can't be established.
    RSA key fingerprint is 98:2e:d7:e0:de:9f:ac:67:28:c2:42:2d:37:16:58:4d.
    Are you sure you want to continue connecting (yes/no)?
```

使用密码登录，每次都必须输入密码，是非常繁琐的。但 SSH 提供了公钥指纹，可以省去输入密码的步骤。

公钥指纹的原理很简单，就是用户将自己的公钥储存在远程主机上。登录时，远程主机会向用户发送一段随机字符串，用户用自己的私钥加密后，再发回来。远程主机用事先储存的公钥进行解密，如果成功，就证明用户是可信的，直接允许登录 shell，不再要求密码。

远程主机必须在自己网站上贴出公钥指纹，以便用户自行核对。假定经过风险衡量以后，用户决定接受这个远程主机的公钥提示如下：

Are you sure you want to continue connecting (yes/no)? yes

系统会出现如下提示，表示 host 主机已经得到认可。

Warning: Permanently added 'host,12.18.429.21' (RSA) to the list of known hosts.

要求输入密码后，就可以正常登录。

Password: (enter password)

当远程主机的公钥被接收以后，它就会被保存在文件$HOME/.ssh/known_hosts 中。下次再连接这台主机，系统就会认出它的公钥已经保存在本地了，从而跳过警告部分，直接提示输入密码。

每个 SSH 用户都有自己的 known_hosts 文件，此外系统也有这样的文件，通常是/etc/ssh/ssh_known_hosts，保存一些对所有用户都可信赖的远程主机的公钥。

使用公钥登录要求用户必须提供自己的公钥。如果没有，可以直接用 ssh-keygen 命令生成。

$ ssh-keygen

输入命令运行结束后，在$HOME/.ssh/目录下，会新生成两个文件：id_rsa.pub 和 id_rsa。前者是公钥，后者是私钥。

这时再输入如下命令，将公钥传送到远程主机 host 上，再次连接时就不用再输入登录密码。

$ ssh-copy-id user@host

1.5.2　连接工具 MobaXterm

MobaXterm 是 SSH 客户端，可以向 Windows 桌面提供所有重要的远程网络工具（SSH、X11、RDP、VNC、FTP、MOSH…）和 Unix 命令（bash、ls、cat、sed、grep、awk、rsync 等），为远程任务提供一体化服务。当用户使用 SSH 连接到远程服务器时，将自动弹出图形 SFTP 浏览器以直接编辑远程文件。

1. MobaXterm 软件安装

首先下载该软件，下载网址：https://mobaxterm.mobatek.net/，选择"Download"，选择免费版下载。下载完成后，直接解压文件，双击.exe 文件安装软件。软件安装完成后，计算机桌面将会出现如图 1-1-29 所示的图标。

图 1-1-29　MobaXterm 软件图标

2. MobaXterm 软件使用

打开软件，界面如图 1-1-30 所示。

首先创建 SSH Session，点击菜单栏"Sessions"，点击"New Session"，将弹出 Session setting 对话框，如图 1-1-31 所示。

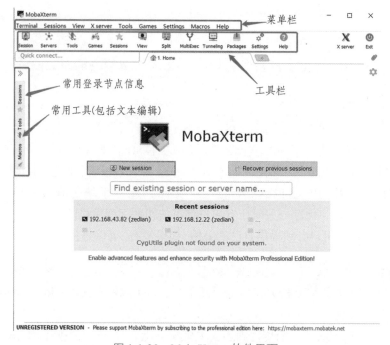

图 1-1-30　MobaXterm 软件界面

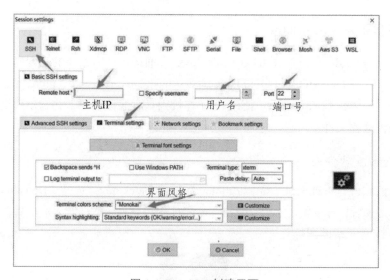

图 1-1-31　SSH 创建界面

选中第一个 SSH 图标，并填入相关信息，就可以完成 Session 的创建。点击确定，输入用户名和密码后就可以连接上虚拟机。连上虚拟机之后，直接拖拽就可以完成文件的上传和下载。

登录后的界面主要分为两部分，左边是主机的文件，右边是终端。如图 1-1-32 所示，勾选左下角 "Follow terminal folder"，可以让两者的工作路径保持一致。

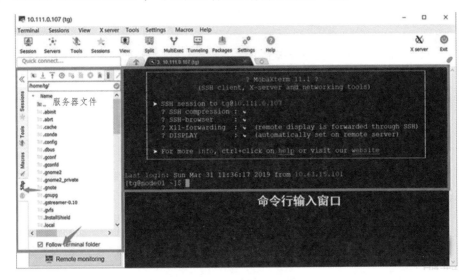

图 1-1-32 SSH 登录界面

3. 创建串口 Session

串口 Session 创建如图 1-1-33 所示，在 Session settings 对话框里选择 "Serial"，选择相对应的串口号及波特率，点击 "OK" 按钮即可完成连接。同样地，Session 会保存在左侧的 session 标签页里，方便下次连接。

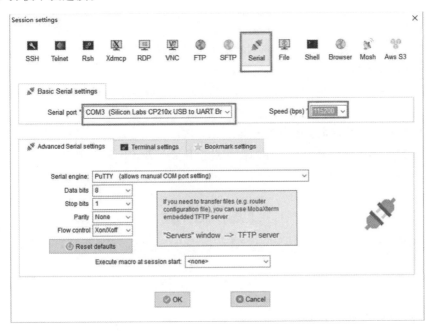

图 1-1-33 创建串口 Session 界面

如图 1-1-34 所示，可以个性化设置，如设置终端字体、右键复制、字号等。

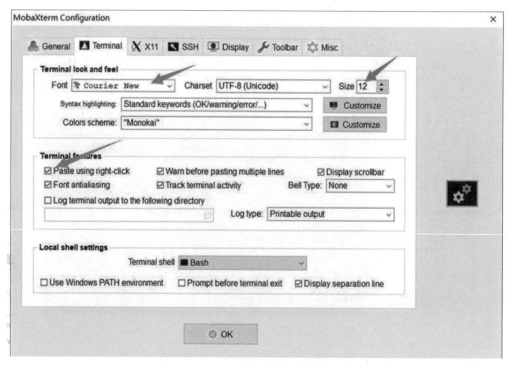

图 1-1-34　个性化设置界面

1.5.3　VNC 可视化连接工具

1. VNC 简介

VNC（Virtual Network Computer）是一款基于 UNIX 和 Linux 操作系统的远程控制工具软件，其远程控制能力强大，高效实用。VNC 作为一种远程登录的图形化界面软件，能将完整的窗口界面通过网络传输到另一台计算机的屏幕上。

VNC 由两个基础部分组成：客户端的应用程序（vncviewer）和服务器端的应用程序（vncserver）。用户需先将 VNC server 安装在被远程操控的计算机上后，在主控端执行 VNC viewer 就能进行远程操控，且服务器端还内建了 Java Web 接口，开发者通过服务器端对其他计算机的操作就能通过 Netscape 进行显示，这样的操作过程和显示方式比较直观方便。

2. VNC 连接

在服务器端启动 VNC Server 执行如下命令安装 VNC Server。

```
apt-get install vnc4server
```

然后启动 VNC Server。

```
vncserver
```

3. 客户端安装 VNC Viewer

若要通过客户端对服务器端进行远程桌面连接，需在客户端安装 VNC Viewer。在官方网站下载 VNC Viewer，下载完成后双击.exe 文件启动安装向导如图 1-1-35 所示。

图 1-1-35　VNC Viewer 安装向导

当看到如图 1-1-36 所示时，点击"Finish"完成安装。

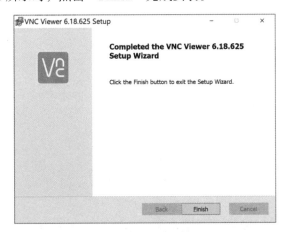

图 1-1-36　VNC Viewer 安装成功

4. VNC 客户端通过 VNC Viewer 连接至 VNC Server

打开客户端 VNC Viewer，输入远程控制端所在局域网的 IP 地址和端口号进行连接，如图 1-1-37 所示。

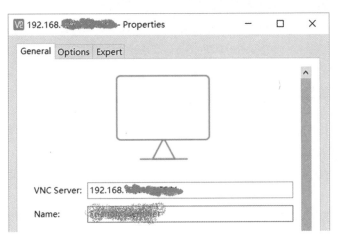

图 1-1-37　连接 VNC

输入服务器端登录密码，点击"OK"，如图 1-1-38 所示。

图 1-1-38　输入密码

　　若客户端通过 VNC Server 的验证，即成功连接到 VNC Server 图形化桌面。图 1-1-39 所示为远程连接开发板图形化桌面示例。

图 1-1-39　VNC 连接成功示例

1.6　嵌入式微控制器 IDE 的使用

　　Keil MDK-ARM 是 Keil 软件公司（现已被 ARM 公司收购）出品的支持 ARM 微控制器的一款 IDE（集成开发环境）。

　　MDK-ARM 包含工业标准的 Keil C 编译器、宏汇编器、调试器、实时内核等组件，具有行业领先的 ARM C/C++编译工具链，支持 Cortex-M、Cortex-R4、ARM7 和 ARM9 系列器件，涉及世界上众多品牌的芯片，如 ST、Atmel、Freescale、NXP、TI 等公司的微控制器芯片。

1. Keil 5 软件安装

双击如图 1-1-40 所示的图标进行安装。

MDK-523

图 1-1-40 MDK 安装包

如图 1-1-41 所示，选择安装路径（以 D 盘 Keil 5 为例），点击"Next"。注意：安装路径不能含中文。

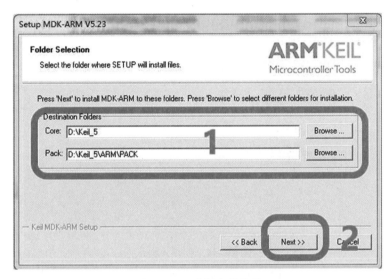

图 1-1-41 选择安装路径

如图 1-1-42 所示，填写用户名（First Name）和邮箱（E-mail）。

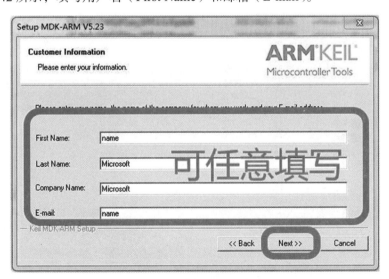

图 1-1-42 填写用户名

添加器件库安装包，如图 1-1-43 所示，双击 Keil.STM32F4xx_DFP.1.0.8.pack 安装包（根据

使用的芯片型号，添加对应的器件库包。因这里以 STM32F407xx 为例，故选择对应 F4 系列的安装包；若使用其他系列芯片，则需要添加其对应区间的库包。可同时添加不同型号的器件库安装包）。

Keil.STM32F4xx_DFP.1.0.8

图 1-1-43　STM32F4 系列器件库包

2. keil 5 下载工程

如图 1-1-44 所示，打开软件，选择 "Project" → "Open Projec..."（打开工程）。

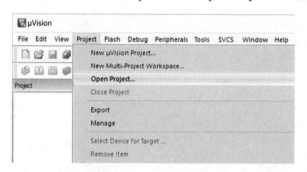

图 1-1-44　创建工程

如图 1-1-45 所示，找到工程存放路径，选择工程，点击打开已经编写好的工程。

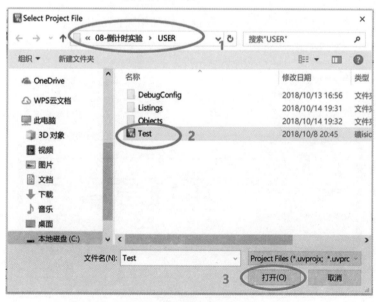

图 1-1-45　保存工程路径

如图 1-1-46 所示，点击图中所示按钮进行下载器配置。

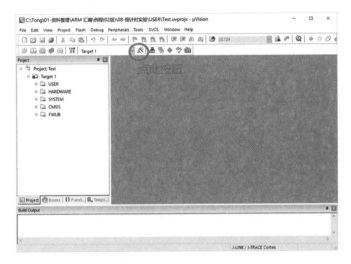

图 1-1-46 进入下载器配置界面

如图 1-1-47 所示，选择 Debug 选项，这里所使用的仿真器为 J-LINK V8 仿真器，所以在 Use 的下拉列表中选择 "J-LiNK/J-TRACE Cortex" 选项。

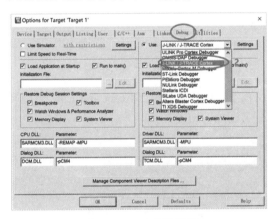

图 1-1-47 下载器配置

如图 1-1-48 所示，点击 "Settings" 按钮，进入设置界面。

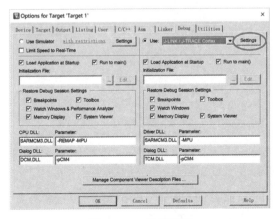

图 1-1-48 设置界面

选择 Debug 的选项，在 Port 选项中选择 SW 模式，图 1-1-49 中的步骤 3 表示仿真器识别到开发板的芯片。设置完成后选择 Flash Download 选项。完成此步骤，需要仿真器连接计算机和开发板，并且需要给开发板供电。

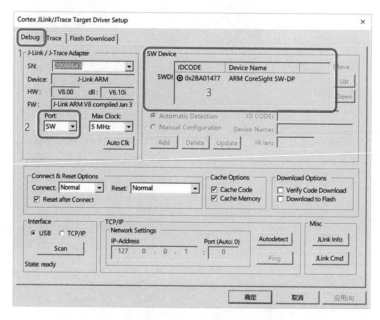

图 1-1-49　Debug 界面

按照如图 1-1-50 所示设置下载配置，勾选"Reset and Run"，则在下载完程序会自动复位，无须手动复位，点击"Add"（添加按钮）。

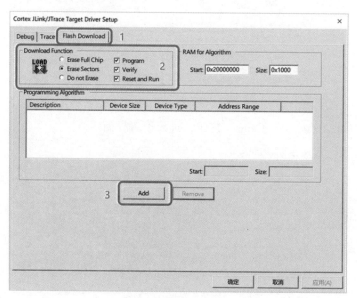

图 1-1-50　下载配置

如图 1-1-51 所示，采用的 STM32 的 Flash 大小是 1M，所以选择容量大小为 1M 的 STM32F4xx Flash，点击"Add"（添加）。

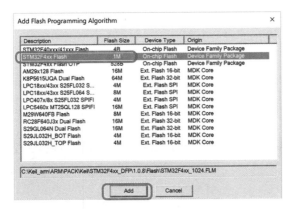

图 1-1-51 添加 Flash

添加成功，如图 1-1-52 所示。

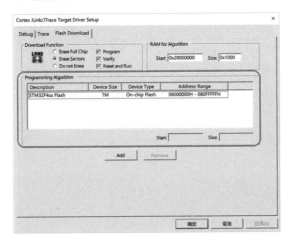

图 1-1-52 添加成功

如图 1-1-53 所示，点击编译程序，在"Build Output"窗口查看编译结果，只有编译通过，程序才能被下载。

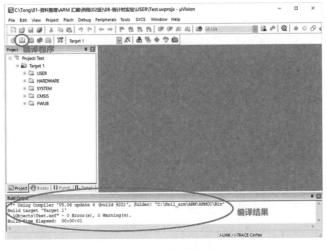

图 1-1-53 编译程序

如图 1-1-54 所示，程序没有错误，点击下载程序。下载程序时，需要仿真器连接到计算机和开发板，并且开发板要供电。

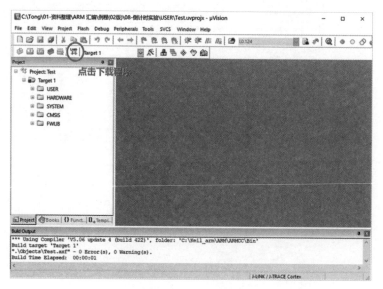

图 1-1-54　下载程序

第二章 OpenCV 基础

2.1 OpenCV 简介

OpenCV（Open Source Computer Vision Library）是一个开源的跨平台计算机视觉和机器学习库，拥有超过 2 500 种优化算法，包括一套全面的、经典的和最先进的计算机视觉和机器学习算法。这些算法可用于检测和识别面部，识别物体，对视频中的人体动作进行分类，跟踪相机移动、跟踪移动物体等。

OpenCV 用 C++编写的，同时提供了 C++、Python、Java 和 MATLAB 程序接口，并支持 Windows、Linux、Android、Mac OS 等操作系统。

如图 1-2-1 所示，1999 年 Intel(英特尔)公司为增强 CPU 集群性能，启动了很多研究项目，其中就包括 OpenCV。OpenCV 最初的核心代码和算法规范是英特尔实验室团队完成的。2018 年发布了 OpenCV 4.x 版本，该版本全面加强了算法的性能，补充了神经网络等模块功能。

图 1-2-1 OpenCV 版本迭代历史

2.2 OpenCV 安装

Python 开发环境安装 OpenCV 依赖包可使用如下命令安装。

pip3 instal opencv-python -i https://pypi.doubanio.com/simple --user

使用 pip3，意思是在 Python 3 中安装 opencv-python 库，可以使用如下命令来查看 pip3 的版本号和 pip3 所对应的库安装路径。-i 选项指定库源，这里使用豆瓣提供的 pip 源，用来加速下载。--user 选项指定是用户安装，避免出现权限不足的问题，而导致安装失败。

pi@raspberrypi:~$ pip3 --version
pip 19.3.1 from /usr/local/lib/python3.7/dist-packages/pip (python 3.7)

注意：如果需要安装指定版本的 opencv-python 库。可以使用如下命令先查询当前有多少版本可供安装。

```
pip3 install opencv-python==
```

报错，然后提示可以从如下版本中选择安装。

```
ERROR: Could not find a version that satisfies the requirement opencv-python == (from versions:
3.1.0.0, 3.1.0.1, 3.1.0.2, 3.1.0.3, 3.1.0.4, 3.1.0.5, 3.2.0.6, 3.2.0.7, 3.2.0.8, 3.3.0.9, 3.3.0.10, 3.3.1.11,
3.4.0.12, 3.4.0.14, 3.4.1.15, 3.4.2.16, 3.4.2.17, 3.4.3.18, 3.4.4.19, 3.4.5.20, 3.4.6.27, 3.4.7.28, 3.4.8.29,
4.0.0.21, 4.0.1.23, 4.0.1.24, 4.1.0.25, 4.1.1.26, 4.1.2.30)
```

例如，需要安装 opencv-python 库的 4.1.1.26 版本，则安装命令如下：

```
pip3 instal opencv-python==4.1.1.26 -i https://pypi.doubanio.com/simple --user
```

2.3 图像的读取与显示

读入、显示、保存图像和视频数据是计算机视觉中最基本也是必不可少的操作。OpenCV 提供了这些基础操作的 API 函数，通过本节内容，开发者可以掌握如何使用 OpenCV 库中的函数进行图像和视频的读取、显示与存储。

使用 OpenCV 库的 imread 函数实现从磁盘中读取一张图像，使用函数 imshow 将它显示到 GUI（图形用户界面）窗口中，图像写入使用 imwrite 函数。读取、显示与写入图像的流程如图 1-2-2 所示。

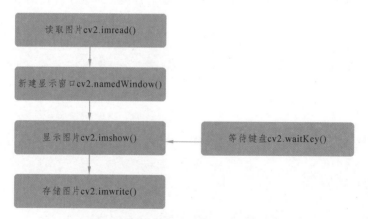

图 1-2-2　图像读取、显示与写入基本流程

根据图 1-2-2 所示流程，读取一张图片并显示的示例代码如下：

```python
import cv2 as cv
# 自定义图片地址
img_path = './test_alpha.png'
# 读入图像
img_bgr = cv.imread(img_path)
# 显示图片
```

```
cv.imshow('img_bgr', img_bgr)
# 无限期等待键盘按下
cv.waitKey(0)
#销毁所有窗体
cv.destroyAllWindows()

# 存储图片，将图片保存成 jpg 格式
cv.imwrite('./test.jpg', img_bgr)
```

通过上述代码，可以将 png 格式的图片另存为 jpg 格式的图像，这是因为函数 imwrite()会根据文件名的后缀名来选择不同的压缩编码方式，开发者只需更改文件后缀名即可实现将图像保存成不同的图像格式。

2.4　视频的读取与显示

OpenCV 为开发者提供了 cv2.VideoCapture 视频捕获类函数，这是一个通用的捕获视频图像的程序接口。cv2.VideoCapture 视频捕获类函数见表 1-2-1。

表 1-2-1　摄像头捕获构造类

功能	cv2.VideoCapture 类的构造函数	参数说明
视频文件	\<VideoCaputrue object\> = cv2.VideoCapture(VideoPath)	VideoPath：本地视频文件路径
摄像头设备	\<VideoCaputrue object\> = cv2.VideoCapture(index)	index：摄像头设备 ID，填 0 表示使用系统默认的摄像头，在 Linux 系统中，如果存在多个摄像头，可以使用 "/dev/video1" 等这样的设备名

通过构造函数可获得 VideoCapture 类的实例对象，通过实例对象 VideoCapture 的成员方法 read 读取视频帧。

使用 OpenCV 捕获视频流非常容易，流程如图 1-2-3 所示。

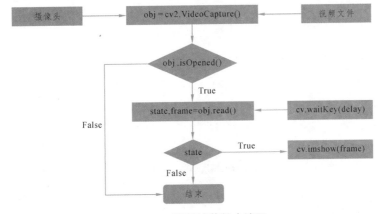

图 1-2-3　视频捕获基本流程

视频流捕获示例代码如下：

```
import cv2 as cv
#获取本地摄像头对象
cap = cv.VideoCapture(0)
#如果检测到摄像头已打开
if cap.isOpened():
    state, frame = cap.read()        #抓取下一个视频帧状态和图像
    while state:                     #当抓取成功则进入循环
        state,frame = cap.read()     # 抓取每一帧图像
        cv.imshow('video',frame)     # 显示抓取到的图像帧
        # 等待键盘按下，超时 25 ms 可通过设置等待超时时间来控制视频播放速度。
        k = cv.waitKey(25) & 0xff    # 25ms 内当有键盘按下时返回对应按键 ASCII 码，超时返回-1
        if k == 27 or chr(k) == 'q': # 当按下 Esc 或者 q 时退出循环
    break
```

视频存储：视频是由一帧一帧的图像构成的，当 1 s 内切换 24 帧图像，人眼就会觉得视频流畅，人们把 1 s 切换图像的次数叫作帧率(FPS)，如 1 s 能切换 30 张图像，则其帧率为 30 FPS。为了减少视频大小，设计了很多视频压缩编码格式，如常见的 MPEG-4、H.264、H.265。将视频压缩编码之后，原来为 4.976 GB 的视频文件就被压缩到 50 MB 以内，且画质还原度高。

在 OpenCV 中的 VideoWriter 类提供的 API 可以轻松实现视频编码压缩。目前视频信息压缩编码的方法很多，fourcc 是用于设置压缩帧的 4 字符编解码方式代码。

视频保存示例代码如下：

```
#!/usr/bin/env python3
# -*- coding:UTF8 -*-
import cv2 as cv
import numpy as np
#获取本地摄像头对象
cap = cv.VideoCapture(0)

# 指定视频的编码格式
fourcc = cv.VideoWriter_fourcc(* 'XVID')
# 保存到文件，VideWriter 参数说明：
# VideWriter（文件名，编码格式，FPS，帧大小，isColor），isColor 默认为 True 表示保存彩图
out = cv.VideoWriter('output.avi', fourcc, 30, (640, 480))

while cap.isOpened():
    ret, frame = cap.read()
```

```
        if ret:
            # 帧翻转
            out.write(frame)  # 保存视频帧
            cv.imshow('frame', frame)  # 显示当前帧
            k = cv.waitKey(25) & 0xFF
            if chr(k) == 'q':  # 按'q'键退出
                break
# 调用 release 函数释放内存
cap.release()
out.release()
cv.destroyAllWindows()
```

2.5　图像基本操作

图像运算是指以图像为单位进行的操作，该操作对图像中的所有像素同样进行，运算的结果是一幅其灰度分布与原来参与运算图像灰度分布不同的新图像。具体的运算主要包括算术运算和逻辑运算，它们通过改变像素的值来实现图像增强的效果。

算术运算是指对两幅或两幅以上的输入图像中对应像素的灰度值做加、减、乘或除等运算后，将运算结果作为输出图像相应像素的灰度值。这种运算的特点在于：其一，输出图像像素的灰度仅取决于两幅或两幅以上的输入图像的对应像素灰度值，与点运算相似，算术运算结果和参与运算像素的邻域内像素的灰度值无关；其二，算术运算不会改变像素的空间位置。

1. 图像按位运算

图像的基本运算有很多种，如两幅图像可以相加、相减、相乘、相除、位运算、平方根、对数、绝对值等。通常在图像处理过程中需要对图像截取其中的一部分作为感兴趣的区域（Region of Interest，ROI），按位运算常被广泛用于 ROI 区域提取。

按位运算是对图像像素的二进制形式的每个位（bit）进行对应运算。按位运算通常包括按位与、按位或、按位非和按位异或运算。

OpenCV 提供了函数 cv2.bitwise_and，能将两幅图像 src1 与 src2 每个像素值进行位与运算，并返回处理后的图像。该函数的用法见表 1-2-2。

表 1-2-2　位与函数

函数名称	cv2.bitwise_and
函数原型	bitwise_and(src1, src2[, dst[, mask]]) -> dst
必填参数	src1&src2：输入的需要按位与的图像，要求两幅图像有相同的类型和大小
默认参数	dst：与输入图像有同样大小和类型的输出图像
	mask：输入掩模，可省略参数，必须是 8 位单通道图像
返回值	返回位与之后的图像
调用示例	output = cv2.bitwise_and(source, mask)

函数 cv2.bitwise_not 将输入图像 src 每个像素值按位取反，并返回处理后的图像。该函数的用法见表 1-2-3。

表 1-2-3　位非函数

函数名称	cv2. bitwise_not
函数原型	bitwise_not(src[, dst[, mask]]) -> dst
必填参数	src：输入的需要按位取反的图像
默认参数	dst：与输入图像有同样大小和类型的输出图像
	mask：输入掩模，可省略参数，必须是 8 位单通道图像
返回值	返回位非之后的图像
调用示例	output = cv2.bitwise_not(source)

2. 图像加法

OpenCV 提供了 cv2.add()函数实现图像相加，使用该函数进行图像的加法运算时，相加的两张图像应保证 shape 一致。此外，图像的加法运算还可以通过 Numpy 实现，不同的是 OpenCV 的加法是一种饱和操作，而 Numpy 中的加法是一种模操作，代码如下：

```
x=np.uint8([250])
y=np.uint8([10])
print(cv2.add(x,y))   # OpenCV 实现图像相加
[[255]]   # 250+10=260=>255
print(x+y)   # Numpy 实现图像相加
[[4]]   # 250+10=260%256=4
```

图像加法函数中 cv2.addWeighted()函数能做图像混合，函数的计算公式如下：

$$g(x) = (1-a)f_0(x) + f_1(x) + \text{gamma}$$

因为两幅图片相加的权重不同，所以有混合的效果，通过修改 α 的值（0→1）便可以实现非常好的混合效果，参考代码如下：

```
img=cv2.addWeighted(img1, 0.7, img2, 0.3, 0)
```

2.5.1　数字图像颜色空间

数字图像中的灰度图每一个像素都是由一个数字量化的，而彩色图像的每一个像素都是由至少三个数字进行量化，因此颜色空间的用途是保证在一个固定的标准下能够对某一种颜色加以说明量化。针对不同数字成像系统和领域各自的特点，目前已经存在上百种对彩色图像色彩的量化方式，比较常用的三色颜色空间包括 RGB、HSV、Lab、YUV 等。

RGB 色彩空间源于使用阴极射线管的彩色电视，是人们接触最多的颜色空间之一。RGB 分别代表三个基色（R 红色、G 绿色、B 蓝色），具体的色彩值由三个基色叠加而成。在图像处理中，常使用向量表示色彩的值，如（0,0,0）表示黑色、（255,255,255）表示白色，其中，255 表示色彩空间被量化成 255 个数，最高亮度值为 255。在这个色彩空间中，有 256×256×256 种颜色，因此 RGB 色彩空间是一个包含 Red、Green、Blue 的三维空间。

HSV（Hue 色调、Saturation 饱和度、Value 值）色彩空间将亮度从色彩中分解出来，由于其对光线不敏感的特性，在图像增强算法中用途很广。在图像处理中，经常将图像从 RGB 色彩空间转换到了 HSV 色彩空间，利用 HSV 分量从图像中提取 ROI 区域，以便更好地感知图像颜色。

在图像处理过程中，HSV 模型比 RGB 模型更适合做预处理，且日常生活中的显示设备大多都是使用 RGB 颜色空间，因此常需将两个颜色空间进行互换。OpenCV 中实现了颜色空间转换的接口函数 cv2.cvtColor()，函数参数说明见表 1-2-4。

表 1-2-4　颜色空间转换函数

函数名称	cv2.cvtColor
函数原型	cvtColor(src, code[, dst[, dstCn]]) -> dst
必填参数	src：输入图像 code：颜色空间转换类型，常用的是： cv2.COLOR_BGR2HSV cv2.COLOR_HSV2BGR cv2.COLOR_BGR2GRAY cv2.COLOR_GRAY2BGR
默认参数	dstCn：输出图像的颜色通道数，默认为 0，此时输出图像通道数将由 code 决定
返回值	转换了颜色空间后的图像
调用示例	hsv = cv2.cvtColor(img,cv2.COLOR_BGR2HSV) bgr = cv2.cvtColor(img,cv2.COLOR_HSV2BGR)

1. 图像通道拆分及合并

如果对图像的单个通道进行特殊操作，需要把 BGR 拆分成三个单独的通道，操作完单个通道后，再将三个单独的通道合并成一张 BGR 图。通道拆分及合并操作示例：

```
b,g,r=cv2.split(img)
img=cv2.merge((b,g,r))
```

使用 cv2.split()分割通道，cv2.merge()合并通道，这是一种有很大开销的操作，因此实际开发中建议使用如下代码替代：

```
# 使用 python 切片来完成通道分割和替换功能
b=img[:,:,:1]
g=img[:,:,1:2]
r=img[:,:,2:3]
img[:,:,2:3]=r
img[:,:,1:2]=g
img[:,:,0:1]=b
```

2. 颜色阈值分割

在做颜色识别时，常需单独提取出某一种颜色来做一些识别操作，这时候需要检查图片元素是否在颜色高低阈值之间。OpenCV 中提供了 cv2.inRange()函数进行阈值分割，这个函数根据上下颜色边界阈值对原输入图像进行分割，上下阈值之外的像素全部设置为 0，阈值之间的像素值设置为全 1，返回的是一个二值图，即掩模。cv2.inRange()函数参数说明见表 1-2-5。

表 1-2-5　cv2.inRange 函数

函数名称	cv2.inRange
函数原型	inRange(src,lowerb,upperb[,dst])->dst
必填参数	src：输入图像
	lowerb：设置分割的下边界阈值
	upperb：设置分割的上边界阈值
返回值	返回颜色提取后的二值图像，即掩模
调用示例	mask=cv2.inRange(hsv,(0,43,46),(10,255,255))

因此，常使用 inRange 进行阈值处理操作，能达到分割指定颜色块的目的。将图像转化到 HSV 颜色空间下，然后参照表 1-2-6 HSV 颜色空间对照表，即可根据颜色空间值分割出指定颜色块。

表 1-2-6　HSV 颜色空间对照表

色彩空间	黑	灰	白	红		橙	黄	绿	青	蓝	紫
hmin	0	0	0	0	156	11	26	35	78	100	125
hmax	180	180	180	10	180	25	34	77	99	124	155
smin	0	0	0	43		43	43	43	43	43	43
smax	255	43	30	255		255	255	255	255	255	255
vmin	0	46	221	46		46	46	46	46	46	46
vmax	46	220	255	255		255	255	255	255	255	255

以分割绿色图像为例，首先使用 inRange()函数来进行分割，然后与原图进行位与运算实现绿色分割，示例代码如下：

```
import cv2 as cv
# 1）载入图像
img_src = cv.imread('rub00.jpg')
# 2）转换空间转换
hsv_src = cv.cvtColor(img_src, cv.COLOR_BGR2HSV)
# 3）查表可得绿色高低阈值
green_low_hsv = (35, 43, 46)
green_high_hsv = (77, 255, 255)
# 4）分割颜色获得掩模
mask_green = cv.inRange(hsv_src, green_low_hsv, green_high_hsv)
# 5）掩模和原图进行位与
green = cv.bitwise_and(hsv_src,hsv_src,mask = mask_green)
green = cv.cvtColor(green,cv.COLOR_HSV2BGR)
```

```
#6）显示图像
cv.imshow('src', img_src)
cv.imshow('mask_green', green)
cv.waitKey(0)
cv.destroyAllWindows()
```

程序运行效果如图 1-2-4 所示，将利用 inRange()函数，输入绿色颜色空间阈值，将绿色从原图中分割开来。

图 1-2-4　绿色分割效果

3. 数字图像二值化

在数字图像处理中，图像二值化（Image Binarization）是指将图像上的灰度值按照某种方式设置为 0 或 255，得到一张黑白分明二值图像的过程。在二值化图像中，只存在两种颜色黑色（0）和白色（maxval 最大值）。图像二值化可以使边缘变得更加明显，边缘是指像素值急剧变化的地方，而 0 到 255 的跳变将使得边缘信息更加突出，如图 1-2-5 所示。二值化图像经常出现在图像处理中，如掩模、图像分割、轮廓查找等应用中。

图 1-2-5　数字图像二值化

二值化分为全局阈值二值化和自适应（局部）二值化。全局阈值二值化指根据自定义阈值对图像进行二值化处理，即灰度值大于阈值时设该像素灰度值为 255，灰度值小于阈值时设该像素灰度值为 0。在 OpenCV 中，使用 cv2.threshold()函数实现简单全局阈值二值化，函数参数说明见表 1-2-7。

简单阈值二值化是指设置一个全局阈值，用该阈值对灰度图像素值进行归类。具体做法是，像素点灰度值小于等于阈值时将该点置 0（反转置 maxval），大于阈值置 maxval（反转置 0）。

表 1-2-7　cv2.threshold 函数

函数名称	cv2.threshold
函数原型	threshold(src, thresh, maxval, type[, dst]) -> retval, dst
必填参数	src：传入待二值化的灰度图
	thresh：比较阈值（0~255）
	maxval：最大值（0~255）
	type：阈值处理方式 cv2.THRESH_BINARY 超过阈值部分取 maxval（最大值），否则取 0 cv2.THRESH_BINARY_INV THRESH_BINARY 的反转 cv2.THRESH_TRUNC 大于阈值部分设为阈值，否则不变 cv2.THRESH_TOZERO 大于阈值部分不改变，否则设为 0 cv2.THRESH_TOZERO_INV THRESH_TOZERO 的反转
默认参数	无
返回值	返回两个值 retval,dst。retval 表示该次二值化使用的 thresh 值，dst 二值图像
调用示例	ret,thresh_binary=cv2.threshold(gray,127,255,cv2.THRESH_BINARY)

　　自适应阈值二值化同全局二值化有较大区别，全局二值化只使用一个全局阈值来对图像进行二值化处理，而自适应阈值使用每个块中的平均值或加权平均值作为阈值。从数学角度上看自适应阈值较简单阈值有更好的局部处理能力，从实际应用角度上看两种二值化算法各有优劣。简单阈值胜在处理速度和某些特定场景的二值化表现更优，而自适应阈值则在对局部过曝场景中二值化表现更优。因此，在实际应用场景中需要根据场景特点选择合适的二值化处理函数，通常先使用全局阈值调参，效果不好再考虑使用自适应阈值二值化。

　　OpenCV 提供了函数 cv2.adaptiveThreshold() 来实现自适应阈值二值化，函数参数说明见表 1-2-8。

表 1-2-8　自适应阈值二值化

函数名称	cv2.adaptiveThreshold
函数原型	adaptiveThreshold(src,maxValue,adaptiveMethod,thresholdType,blockSize,C[,dst])->dst
必填参数	src：传入待二值化的灰度图
	maxValue：最大值（0~255）
	adaptiveMethod： cv2.ADAPTIVE_THRESH_MEAN_C 值取自相邻区域的平均值 cv2.ADAPTIVE_THRESH_GAUSSIAN_C 值取值相邻区域的加权和，权重为高斯窗口
	thresholdType：阈值处理方式 cv2.THRESH_BINARY #超过阈值部分取 maxval（最大值），否则取 0 cv2.THRESH_BINARY_INV THRESH_BINARY 的反转 cv2.THRESH_TRUNC #大于阈值部分设为阈值，否则不变 cv2.THRESH_TOZERO #大于阈值部分不改变，否则设为 0 cv2.THRESH_TOZERO_INV #THRESH_TOZERO 的反转
	blockSize：邻域大小，用来计算自适应阈值的区域大小
	C：常数 C，阈值等于平均值或者加权平均值减去这个常数

默认参数	无
返回值	返回值 dst 二值图像
调用示例	dst = cv2.adaptiveThreshold(img, 255,cv2.ADAPTIVE_THRESH_MEAN_C, cv2.THRESH_BINARY, 11, 2)

对比全局阈值二值化和自适应阈值二值化效果如图 1-2-6 所示，图中左上为原灰度图；右上为原灰度图使用简单阈值二值化图；左下为原灰度图使用自适应二值化图，邻域均值；右下为原灰度图使用自适应二值化图，高斯加权均值。

图 1-2-6　二值化结果对比

2.5.2　图像几何变换

几何变换不改变图像的像素值，只是在图像平面上进行像素的重新安排。一个几何变换需要两部分运算：首先是空间变换所需的运算，如平移、旋转和镜像等，需要用它来表示输出图像与输入图像之间的像素映射关系；此外，还需要使用灰度插值算法，因为按照这种变换关系进行计算，输出图像的像素可能被映射到输入图像的非整数坐标上。

1. 图像平移

平移是二维上空间的操作，是指将一个点或一整块像素区域沿着 X、Y 方向移动指定个单位，如沿点 $A(x, y)$ 移动 (t_x, t_y) 个单位得到点 $B(x + t_x, y + t_y)$，可以使用如下矩阵构建表示：

$$M = \begin{bmatrix} 1 & 0 & t_x \\ 0 & 1 & t_y \end{bmatrix}$$

使用如下代码来构建平移描述矩阵：

> # X 轴移动 100 个像素单位，Y 轴移动 50 个像素单位
> M=np.float32([[1,0,100], [0,1,50]])

在 OpenCV 中进行图像平移操作，如图 1-2-7 所示。首先，使用 Numpy 构建出一个平移描述矩阵；然后，将该矩阵作为参数传递到函数 cv2.warpAffine 中进行几何变换。几何变换函数用法见表 1-2-9。

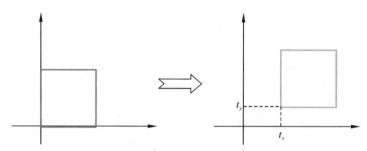

图 1-2-7　图像平移

表 1-2-9　几何变换函数

函数名称	cv2. warpAffine
函数原型	warpAffine(src,M,dsize[,dst[,flags[,borderMode[,borderValue]]]])->dst
必填参数	src：传入待几何变换的灰度图或彩色图
	M：几何变换描述矩阵，如旋转：M=cv2.getRotationMatrix2D((w/2,h/2),45,.6)
	dsize：指定几何变换后输出图像的(宽,高)
默认参数	flags：插值方式 cv2.INTER_NEAREST：最邻近插值，将离新像素所在位置最近的像素像素值赋值给新像素 cv2.INTER_LINEAR：双线性插值，x、y 方向临近像素取乘以相应权重并相加赋值给 i 新的像素值 cv2.INTER_CUBIC：双立方插值,精度更高，计算量最大，取附近 16 个点加权取像素值 cv2.INTER_LANCZOS4：附近像素及原像素加权取值
	borderModer：填充模式 BORDER_CONSTANT = 0：以 borderValue 值填充边界 BORDER_REPLICATE = 1：拉伸填充 BORDER_WRAP = 3：溢出填充 BORDER_DEFAULT = 4：镜像填充；BORDER_REFLECT = 2：镜像填充
	bordValue：边界填充值 0~255
返回值	几何变换后的图像
调用示例	dst = cv2.warpAffine(img, M, (cols, rows))

图像平移示例代码：

```
import cv2
import numpy as np
```

```
# 读取图片，路径自定义
img = cv2.imread("Resources/SunsetSea.png", 17)
# 获取图片高、宽
imageInfo = img.shape
h = imageInfo[0]
w = imageInfo[1]
# 图像平移
array = np.array([[1, 0, 100], [0, 1, 100]], np.float32)
dst = cv2.warpAffine(img, array, (w, h))
# 显示原图及平移后的图像
cv2.imshow("src Image", img)
cv2.imshow("dst Image", dst)
cv2.waitKey(0)
```

程序运行结果如图 1-2-8 所示。

图 1-2-8　平移填充实验结果

2. 图像缩放

图像缩放是指将一张图像放大或缩小得到新图像。对一张图像进行缩放操作，可以按照比例缩放，也可指定图像宽高进行缩放。放大图像即是对图像矩阵进行拓展，而缩小即是对图像矩阵进行压缩。放大图像会增大图像文件大小，同样缩小图像会减小文件体积，如图 1-2-9 所示。

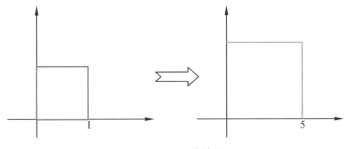

图 1-2-9　图像缩放

OpenCV 中提供了函数 cv2.resize 实现图像缩放，详细参数见表 1-2-10。

表 1-2-10　图像缩放函数

函数名称	cv2.resize
函数原型	resize(src,dsize[,dst[,fx[,fy[,interpolation]]]])->dst
必填参数	src：传入待几何变换的灰度图或彩色图
	dsize：指定几何变换后输出图像的(宽,高)
默认参数	fxx：轴缩放比例
	fyy：轴缩放比例
	Interpolation：插值方式 cv2.INTER_NEAREST：最邻近插值，将离新像素所在位置最近的像素像素值赋值给新像素 cv2.INTER_LINEAR：双线性插值，x、y 方向临近像素取乘以相应权重并相加赋值给 i 新的像素值 cv2.INTER_CUBIC：双立方插值，精度更高，计算量最大，取附近 16 个点加权取像素值 cv2.INTER_LANCZOS4：附近像素及原像素加权取值
返回值	几何变换后的图像

3. 图像旋转

图像旋转是二维上空间的操作，是指将一块区域的像素，以指定的中心点坐标，按照逆时针方向旋转到指定角度得到旋转后的图像。对图像进行旋转操作时需要预先构建一个旋转描述矩阵，指定旋转中心点和旋转的角度。图 1-2-10 所示为旋转 90°的效果示意图。

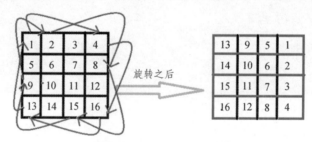

图 1-2-10　图像旋转示意图

在 OpenCV 中进行图像旋转，需要先构造出旋转描述矩阵。构建旋转描述矩阵函数参数说明见表 1-2-11。

表 1-2-11　构造旋转描述矩阵

函数名称	cv2.getRotationMatrix2D
函数原型	getRotationMatrix2D(center, angle, scale) -> retval
必填参数	center：指定旋转中心点
	angle：angle:旋转角度（负数顺时针旋转，正数逆时针旋转）
	scale：缩放因子，小于 1 缩小，等于 1 不缩放，大于 1 放大
默认参数	无
返回值	返回旋转描述矩阵
调用示例	M=cv2.getRotationMatrix2D((w/2,h/2),45,.6)

构造好的旋转描述矩阵后，将它传递到函数 cv.warpAffine 中进行几何变换。图像旋转示例程序如下：

```python
import cv2 as cv
import numpy as np
# 读取图片
img = cv2.imread("Resources/SunsetSea.png", 17)
# 获取图片高、宽
imageInfo = img.shape
h = imageInfo[0]
w = imageInfo[1]
# 图像旋转
rotate = cv2.getRotationMatrix2D((w / 2, h / 2), 30, .5)
dst = cv2.warpAffine(img, rotate, (w, h))
# 结果显示
cv2.imshow("src Image", img)
cv2.imshow("dst Image", dst)
cv2.waitKey(0)
cv.waitKey(0)
```

图像旋转实验结果如图 1-2-11 所示。

图 1-2-11　图像旋转

4. 仿射变换

仿射变换（Affine Transform）是二维图像上的线性变换加平移操作，如图 1-2-12 所示，Image1 先经过旋转（线性变换），再进行缩放（线性变换），最后进行平移（向量加）就可得到 Image2。

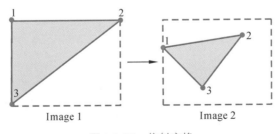

图 1-2-12　仿射变换

图 1-2-12 中 Image1 到 Image2 的转变是仿射变换，原图中所有的平行线在变换后的图像中同样平行。

进行仿射变换需要先确定原图中三个不共线的点，以及目标图像中对应三点的映射位置，使用函数 getAffineTransform() 来构建仿射描述矩阵 M，将描述矩阵传入函数 warpAffine() 得到仿射变换目标图像。

仿射变换示例代码如下：

```
#原图变换的顶点 从左上角开始 逆时针方向填入
pts1 = np.float32([[50, 50], [400, 50], [50, 400]])
# 目标图像变换顶点 从左上角开始 逆时针方向填入
pts2 = np.float32([[100, 100], [300, 50], [100, 400]])
# 构建仿射变换描述矩阵
M = cv.getAffineTransform(pts1, pts2)
# 进行仿射变换
dst = cv.warpAffine(img, M, (cols, rows))
```

程序运行结果如图 1-2-13 所示。

图 1-2-13　仿射变换结果

5. 透视变换

透视变换（Perspective Transform）本质是将图像投影到一个新的视平面，仿射变换可理解为透视变换的一种特殊形式。仿射变换与透视变换在图像还原、图像局部变化处理方面有重要意义。仿射变换是 2D 平面变换，透视变换是 3D 空间变换。仿射变换需要先确定原图中三个顶点坐标，而透视变换需要先确定原图中四点坐标（任意三点不共线）。

透视变换示例代码：

```
import cv2 as cv
import numpy as np
# 读取原图
img = cv.imread('./sudoku.jpg')
h, w, c = img.shape
print(h, w)
```

```
# 首先确定原图中四点坐标
pts1 = np.float32([(56, 65), (28, 387), (389, 390), (368, 52)])
pts2 = np.float32([[(0, 0), (0, h), (w, h), (w, 0)])

M = cv.getPerspectiveTransform(pts1, pts2)
dst = cv.warpPerspective(img, M, (w, h))

# 在原图中标记这些顶点
cv.circle(img, tuple(pts1[0]), 1, (0, 255, 255), cv.LINE_AA)
cv.circle(img, tuple(pts1[1]), 1, (255, 0, 255), cv.LINE_AA)
cv.circle(img, tuple(pts1[2]), 1, (255, 255, 255), cv.LINE_AA)
cv.circle(img, tuple(pts1[3]), 1, (0, 0, 0), cv.LINE_AA)

# 在目标图中标记顶点
cv.circle(dst, tuple(pts2[0]), 1, (0, 255, 255), cv.LINE_AA)
cv.circle(dst, tuple(pts2[1]), 1, (255, 0, 255), cv.LINE_AA)
cv.circle(dst, tuple(pts2[2]), 1, (255, 255, 255), cv.LINE_AA)
cv.circle(dst, tuple(pts2[3]), 1, (0, 0, 0), cv.LINE_AA)
# 结果显示
cv.imshow('img', img)
cv.imshow('dst', dst)
cv.waitKey(0)
cv.destroyAllWindows()
```

程序运行结果如图 1-2-14 所示。

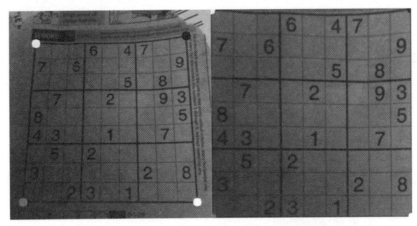

（a）原图　　　　　　　　　（b）变换后的图

图 1-2-14　透视变换结果对比

透视变换常用于车牌矫正，车牌矫正需要找到车牌区域四个顶点坐标，左上记为点 A，右上记为点 B，左下记为点 C，右下记为点 D。假设原图中四点坐标为 A(88,92)、B(218,118)、C(84,125)、D(211,160)。四个顶点坐标中 x 和 y 最大最小值记为 x_min,x_max,y_min,y_max，四个顶点坐标映射坐标为 A(x_min,y_min)、B(x_max, y_min)、C(x_min, y_max)、D(x_max,y_max)。

车牌矫正参考代码如下：

```
# 原图中车牌四顶点坐标
pts1 = np.float32([(88, 92), (218, 118), (84, 125), (211, 160)])
# 矫正后车牌四顶点坐标
pts2 = np.float32([(88, 118), (218, 118), (88, 160), (218, 160)])
# 构建透视变换描述矩阵
M = cv.getPerspectiveTransform(pts1, pts2)
#进行透视变换——图像校正
dst = cv.warpPerspective(img, M, (w, h))
```

最终矫正效果如图 1-2-15 所示。

图 1-2-15　透视变换倾斜矫正

2.5.3　形态学操作

1. 腐蚀

图像腐蚀也即是"收缩"或"细化"二值图像中的对象。如图 1-2-16 所示，假设用一个 3×3 的全一矩阵去腐蚀一张灰度图，中心锚点的值就会被替换为对应核中最小的值。

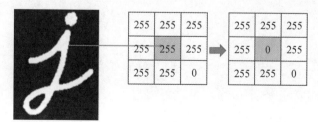

图 1-2-16　腐蚀原理

OpenCV 中使用函数 cv2.erode 来进行腐蚀操作。cv2.erode 函数参数说明见表 1-2-12。

表 1-2-12　腐蚀函数

函数名称	cv2.erode
函数原型	erode(src,kernel[,dst[,anchor[,iterations[,borderType[,borderValue]]]]])->dst
必填参数	src：指定要腐蚀的灰度图或二值化图像 kernel：腐蚀操作的内核。如果该参数不指定，默认为一个简单的 3×3 全一矩阵，否则，就需要明确指定它的形状，可以使用函数 getStructuringElement()获取结构化元，也可以指定自定义腐蚀核
默认参数	anchor：锚点，默认为-1 表示内核中心点，省略时为默认值 iterations 迭代次数。省略时为默认值 1 borderType：推断边缘类型，具体参见 borderInterpolate 函数。默认值为边缘值拷贝 borderValue：边缘填充值，具体可参见 createMorphoogyFilter 函数，可省略
返回值	返回腐蚀操作后的结果图像
调用示例	kernel=np.ones((3,3),np.uint8) erosion=cv2.erode(img,kernel,iterations=1)

图像腐蚀会使白色区域的边缘像素值减小，从而使白色区域的面积减少。迭代次数越多腐蚀效果越明显，内核大小越大腐蚀效果越明显。因此，腐蚀可以用来去除图像中细小的白色区域，可以用来断开连接在一起的白色区域块，腐蚀会明显减少白色区域面积。多次腐蚀效果如图 1-2-17 所示。

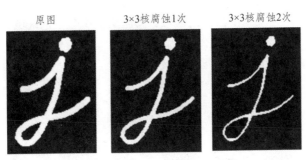

图 1-2-17　连续腐蚀效果

2. 膨胀

与腐蚀操作相反，膨胀是在二值图像中"加长"或"变粗"的操作，如图 1-2-18 所示，使用一个 3×3 的全一矩阵去膨胀一张灰度图，中心锚点的值就会被替换为对应核中最大的值。

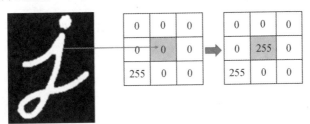

图 1-2-18　膨胀原理

因此，膨胀的效果是增大白色区域的面积，其原理是在原图的小区域内取局部最大值。OpenCV 中使用函数 cv2.dilate 来进行膨胀操作，其参数说明见表 1-2-13。

表 1-2-13　膨胀原理

函数名称	cv2.dilate
函数原型	dilate(src,kernel[,dst[,anchor[,iterations[,borderType[,borderValue]]]]])->dst
必填参数	src：指定要膨胀的灰度图或二值化图像，彩色图像也可以，但一般不这么做
	kernel：膨胀操作的内核。如果不指定，默认为一个简单的 3×3 全一矩阵，否则，就要明确指定它的形状，可以使用函数 getStructuringElement()获取结构化元，也可以指定自定义膨胀核
默认参数	anchor：锚点，默认为-1 表示内核中心点，省略时为默认值
	iterations：迭代次数。省略时为默认值 1
	borderType：推断边缘类型，具体参见 borderInterpolate 函数。默认值为边缘值拷贝
	borderValue：边缘填充值，具体可参见 createMorphoogyFilter 函数，可省略
返回值	返回膨胀操作后的结果图像
调用示例	kernel=np.ones((3,3),np.uint8) dilate=cv2.dilate(img,kernel,iterations=1)

膨胀会使白色区域的边缘像素值增大，从而使白色区域的面积减增大。膨胀迭代次数越多膨胀效果越明显，内核大小越大膨胀效果越明显。因此，膨胀可以用来去除图像中细白色区域内细小的空洞，可以用来连接断了的白色区域，膨胀明显增加白色区域面积。多次膨胀效果如图 1-2-19 所示。

图 1-2-19　多次膨胀效果

2.5.4　图像滤波

图像滤波，即在尽量保留图像细节特征的条件下对目标图像的噪声进行抑制，是图像预处理中不可缺少的操作，其处理效果的好坏将直接影响到后续图像处理和分析的有效性和可靠性。

1．均值滤波

均值滤波是平滑线性滤波器中的一种，具有平滑图像过滤噪声的作用。均值滤波的思想即使用滤波器模板 w 所包含像素的平均值去覆盖中心锚点的值。

在 OpenCV 中可以使用函数 cv2.blur 或 cv2.boxFilter 做均值滤波，这两个函数的详细用法见表 1-2-14 和表 1-2-15。

表 1-2-14　均值滤波函数 blur

函数名称	cv2.blur
函数原型	blur(src,ksize[,dst[,anchor[,borderType]]])->dst
必填参数	src：传入待滤波的图像彩色图或单通道图
	ksize：模板大小，如(3,3)表示 3×3 模板
默认参数	anchor：锚点，默认值 Point(-1,-1)表示锚位于内核中央
	borderType:边框模式用于图像外部的像素，默认边缘像素拷贝
返回值	均值滤波后的图像
调用示例	blur=cv.blur(img,(3,3))

表 1-2-15　均值滤波函数 boxFilter

函数名称	cv2.boxFilter
函数原型	boxFilter(src,ddepth,ksize[,dst[,anchor[,normalize[,borderType]]]])->dst
必填参数	src：传入待滤波的图像彩色图或单通道图
	ddepth：指定输出图像深度，-1 表示与 src 深度保持一致
	ksize：模板大小，如(3,3)表示 3×3 模板
默认参数	anchor：锚点，默认值 Point(-1,-1)表示锚位于内核中央
	normalize：normalize flag：指定内核是否按其区域进行规范化
	borderType:边框模式用于图像外部的像素，默认边缘像素拷贝
返回值	滤波后的图像
调用示例	blur_b=cv2.boxFilter(img,-1,(3,3))

均值滤波公式如下：

$$g(x,y) = \mathbf{mean}\left\{ f(x+s, y+t) \big|_{s \in [-a,a], t \in [-b,b]} \right\}$$

对于原始图像稍显模糊，使用 5×5 模板进行均值滤波，对于尺寸稍小的亮点，使用均值滤波后亮度明显降低；对于尺寸非常小的亮点，使用均值滤波后亮点消失融入背景，如图 1-2-20 所示。

原图　　　　5×5均值滤波后　　　　二值化

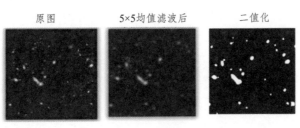

图 1-2-20　5×5 均值滤波结果

对于原始图像十分模糊，使用 9×9 模板进行均值滤波，对于尺寸较大的亮点，滤波后亮度明显降低；对于尺寸稍小的亮点，滤波后亮点消失融入背景，如图 1-2-21 所示。

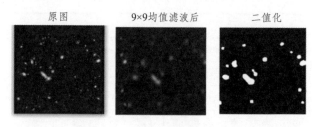

图 1-2-21　9×9 均值滤波结果

最后使用不同大小的模板，对同一张图进行均值滤波实验，实验效果如图 1-2-22 所示。

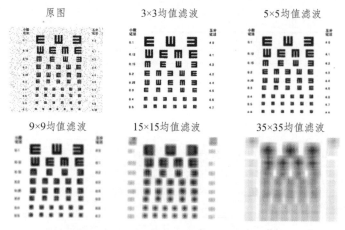

图 1-2-22　不同尺寸均值滤波结果对比

根据上述实验可知，均值滤波能够消除小尺寸图像亮点。同时，滤波器模板尺寸越大，滤波后的图像越模糊/平滑，但也越模糊，因此，在实际应用中，应选择合适大小的滤波器模板进行图像滤波。

2. 中值滤波

中值滤波是一种基于统计排序的非线性滤波器，能有效抑制噪声（如非线性噪声），平滑其他非脉冲噪声，减少物体边界细化或粗化的失真。与线性滤波器均值滤波相比，均值滤波无法消除椒盐噪声，中值滤波却可以轻松去除。中值滤波容易断开图像中的缝隙（如字符缝隙），均值滤波可以连通图像中的缝隙。

中值滤波计算原理如图 1-2-23 所示。

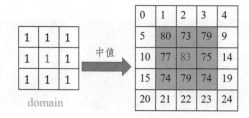

图 1-2-23　中值滤波原理

中值滤波计算方法为：滤波输出像素点 g(x,y)=滤波模板 domain 定义的排列集合的中值。使用中值滤波时需要注意以下几点：

（1）滤波模板 domain 的中心与像素点 f(s,y)重合；

（2）滤波器模板 domain 为 0/1 矩阵，与 domain 中元素 1 对应的像素才参与排序；

（3）对参与排序的像素点进行升序排序，g(x,y) = 排序集合的中值。

在 OpenCV 中使用 cv2.medianBlur 来进行中值滤波去除椒盐噪声，函数参数说明见表 1-2-16。

表 1-2-16　中值滤波函数

函数名称	cv2.medianBlur
函数原型	medianBlur(src,ksize[,dst])->dst
必填参数	src：传入待滤波的图像彩色图或单通道图
	ksize：模板大小，传一个正奇数，而不是一个元组
默认参数	无
返回值	中值滤波后的图像
调用示例	blur_b=cv2.medianBlur(img,3)

中值滤波能有效去除椒盐噪声。椒盐噪声也称脉冲噪声，是一种随机出现的白点或者黑点。椒盐噪声的成因可能是影像讯号受到突如其来的强烈干扰而产生。

中值滤波去除椒盐噪声实验结果如图 1-2-24 所示。

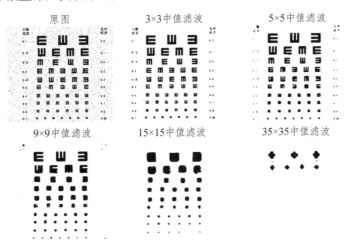

图 1-2-24　不同尺寸中值滤波结果对比

根据实验结果可知，中值滤波能高效滤除椒盐噪声，如椒盐白噪声、椒盐黑噪声和其他脉冲噪声（如类似老式电视雪花噪点），但同时也容易丢失图像边缘信息，造成图像缝隙，如 OCR 中断开单字符连通，当使用较大核滤波时容易误将真实边界当作噪声去除。

使用中值滤波函数 cv.medianBlur()时，值得注意的是，核大小需是一个正奇数，不能是一个元组。

图 1-2-25 所示为中值滤波案例运行效果图，可以看到，图片经过中值滤波降噪后变得更清晰。

图 1-2-25　中值滤波降噪

3. 高斯滤波

高斯滤波和均值滤波很相似，均值滤波是计算邻域内所有像素灰度的平均值或加权平均值，然后去替换中心点的像素值。高斯滤波是计算邻域内所有像素灰度的高斯加权平均值，然后去替换中心点的像素。二者的主要区别在于邻域权重值的分布，高斯滤波权重值符合正态分布，均值滤波权重不符合正态分布。高斯滤波计算方法如图 1-2-26 所示。

像素点灰度值　　　正态分布的高斯权重

80	73	69
77	83	74
74	79	74

x

0.13015394	0.10390986	0.11504291
0.13932931	0.13214559	0.07740524
0.11449164	0.09329761	0.09422389

=

10.412314	7.585419	7.937960
10.728356	10.968084	5.727988
8.472381	7.370511	6.972568

图 1-2-26　高斯滤波原理

高斯滤波计算规则如下：

（1）高斯运算结果 = 高斯权重矩阵 × 对应像素矩阵；

（2）对应像素矩阵锚点 = 高斯运算结果矩阵求和；

（3）边界点默认的处理方式是边缘拷贝。

在 OpenCV 中使用函数 cv2.GaussianBlur 进行高斯滤波，函数参数说明见表表 1-2-17。

表 1-2-17　高斯滤波函数

函数名称	cv2.GaussianBlur
函数原型	GaussianBlur(src,ksize,sigmaX[,dst[,sigmaY[,borderType]]])->dst
必填参数	src：传入待滤波的图像彩色图或单通道图
	ksize：高斯内核大小
	sigmaX：高斯核函数在 X 方向上的正态分布标准偏差
默认参数	sigmaY：高斯核函数在 Y 方向上的标准偏差，如果 sigmaY 是 0，会自动将 sigmaY 的值设置为与 sigmaX 相同的值
	borderType：边框模式用于图像外部的像素，默认边缘像素拷贝
返回值	滤波后的图像
调用示例	g_blur=cv2.GaussianBlur(img,(kw,kh),0.1,0.2)

使用不同的高斯核大小进行高斯滤波，结果如图 1-2-27 所示。

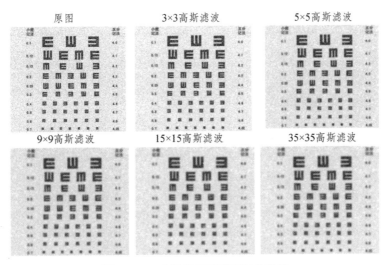

图 1-2-27 去除高斯型噪声对比结果

根据图 1-2-27 可知，高斯滤波只能去除高斯噪声，无法去除椒盐噪声、脉冲噪声；高斯滤波在使用较大高斯内核时，降噪能力明显加强，但模糊效果却没有明显增强，这使得在使用大核时也可以较好地保存边界信息。高斯小核过滤小尺寸高斯噪声，高斯大核过滤较大尺寸噪声。随着核大小增大，降噪能力增强。但边缘信息依然能得到较好的保留。

2.5.5 图像边缘检测与轮廓提取

图像轮廓是指具有相同颜色或灰度值的连续点连接在一起的曲线，对图像的轮廓进行检测在形状分析和物体识别应用场景中十分重要。图像轮廓检测方法通常需定义亮度、颜色等特征的低层突变，通过标识图像中亮度变化明显的点来完成边缘检测。边缘检测通常将图像与微分算子卷积，如借助于 Sobel 算子和 Canny 算子等，但此方法没有考虑视觉中层和高层信息，因此在含有大量噪声或者纹理的情况下，难得出完整的目标轮廓。

检测图像中物体轮廓的过程主要有以下 4 个步骤。

步骤 1：首先对输入图像做预处理，通用的方法是采用较小的二维高斯模板做平滑滤波处理，去除图像噪声，采用小尺度的模板是为了保证后续轮廓定位的准确性。因为大尺度平滑往往会导致平滑过渡，从而模糊边缘，影响边缘检测效果。

步骤 2：对平滑后的图像做边缘检测处理，利用亮度、颜色等可以区分物体与背景的可用梯度特征信息，得到初步的边缘图像。

步骤 3：对边缘响应做进一步处理，得到更好的边缘响应图像。这个过程通常会涉及判据，即对轮廓点和非轮廓点做出不同处理达到区分轮廓点和非轮廓点的效果，从而得到可以作为轮廓的边缘图像。

步骤 4：根据上一步骤检测到的轮廓进行精确的定位，最后确定图像轮廓。因为在实际应用过程中，上一步骤得到的轮廓检测结果往往是不尽如人意的，所以需要对其再进行精确的筛选定位。

OpenCV 提供了图像轮廓检测函数 cv2.findContours()，以及图像轮廓绘制函数 cv2.drawContours()，函数参数说明见表 1-2-18 和表 1-2-19。

表 1-2-18　图像轮廓查找函数

函数名称	cv2.findContours		
函数原型	findContours(image,mode,method[,contours[,hierarchy[,offset]]])->contours,hierarchy		
必填参数	image：传入二值化图像或边缘检测算子计算结果图像		
	mode：轮廓检查模式，有 4 个可选的值： cv2.RETR_EXTERNAL 表示只提取最外面的轮廓； cv2.RETR_LIST 表示提取所有轮廓并将其放入列表； cv2.RETR_CCOMP 表示提取所有轮廓并将组织成一个两层结构，其中顶层轮廓是外部轮廓，第二层轮廓是"洞"的轮廓； cv2.RETR_TREE：表示提取所有轮廓并组织成轮廓嵌套的完整层级结构		
	method：轮廓的近似方法，有 4 个可选的值： cv2.CHAIN_APPROX_NONE 获取每个轮廓的每个像素，相邻两个点的像素位置差不超过 1； cv2.CHAIN_APPROX_SIMPLE 压缩水平方向、垂直方向、对角线方向的元素，只保留该方向的重点坐标，如果一个矩形轮廓只需 4 个点来保存轮廓信息； cv2.CHAIN_APPROX_TC89_L1 和 cv2.CHAIN_APPROX_TC89_KCOS 使用 Teh-Chinl 链逼近算法中的一种		
返回值	旧版 API 返回 3 个值，新版返回 2 个值。contours 存储着查找的轮廓，hierarchy 存储着查找的轮廓层次关系		
调用示例	contours,hierarchy=cv2.findContours(thresh,cv2.RETR_TREE,cv2.CHAIN_APPROX_SIMPLE)[-2:]		

图像轮廓绘制函数见表 1-2-19。

表 1-2-19　轮廓绘制函数

函数名称	cv2.drawContours		
函数原型	drawContours(image,contours,contourIdx,color[,thickness[,lineType[,hierarchy[,maxLevel[,offset]]]]])->image		
必填参数	image：绘制轮廓的目标图像,该函数会修改 image 值，经过该函数处理后，返回值 return_image 与原 image 相同。如果需要保存原图信息，请使用 copy		
	contours：所有的轮廓，是一个 Python 列表		
	contourIdx：轮廓的索引，为 -1 时表示绘制 contours 里的所有		
	color：绘制轮廓时使用的颜色		
默认参数	thickness：绘制轮廓的线条宽度，为 -1 时表示填充轮廓内部		
	lineType：线条的类型		
	hierarchy：层次结构信息，与函数 findcontours() 的 hierarchy 有关		
	maxLevel：绘制轮廓的最高级别。若为 0，则绘制指定轮廓；若为 1，则绘制该轮廓和所有嵌套轮廓（nested contours）；若为 2，则绘制该轮廓、嵌套轮廓（nested contours）/子轮廓和嵌套-嵌套轮廓（all the nested-to-nested contours）/孙轮廓，等等。该参数只有在层级结构时才用到		
	offset：按照偏移量移动所有的轮廓（点坐标）		
返回值	绘制了轮廓的目标图像		
调用示例	drawing1=cv2.drawContours(src.copy(),contours,-1,(0,255,0),thickness=2,lineType=cv.LINE_AA)		

利用如下代码将检测出来的所有轮廓绘制到原图中，效果如图 1-2-28 所示。

```
drawing1 = cv.drawContours(src.copy(), contours, -1, (0, 255, 0), thickness=2, lineType=8)
```

图 1-2-28 图像轮廓绘制

将轮廓绘制到掩模中，示例代码如下：

```
#生成一张和原图一样大小的灰色掩模
drawing = np. ones((thresh.shape[0], thresh.shape[1], 3), np.uint8) * 127
# 绘制所有轮廓到掩模中（使用轮廓填充）
cv.drawContours(drawing, contours, -1, (0, 255, 0), thickness=-1, lineType=8)
```

程序运行效果如图 1-2-29 所示。

图 1-2-29 提取轮廓掩模

2.5.6 图像颜色与形状识别

在实际应用中，通常需要对图像中的形状和颜色进行识别，本次案例利用 OpenCV 实现图像中图形的形状和颜色。

要实现图像颜色与形状识别案例，主要分为三个任务，如图 1-2-30 所示。

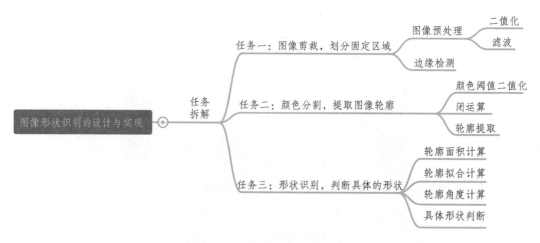

图 1-2-30　图像颜色与形状识别任务

任务一：图像剪裁，划分出固定区域，以便后续进行颜色和形状的识别。

任务二：颜色分割，主要是对图像颜色进行识别分割。

任务三：形状识别，识别出不同的形状并输出。

1. 图像剪裁

图像剪裁主要是剪裁出图像中需要识别的区域，排除一些干扰区域，提高识别的准确率。首先，需要将图像灰度化后使用平均滤波，再将其二值化。然后，使用二值化图像查找图像轮廓。最后，找出最大面积轮廓，并按照该轮廓进行图像裁剪。

图像剪裁示例代码如下：

```python
# 图像剪裁
def imgHandle(img):
        # 将原图像灰度化
        gray = cv.cvtColor(img, cv.COLOR_BGR2GRAY)
        # 平均滤波
        blur = cv.blur(gray, (5, 5))
        # 简单阈值的二值化
        # ret, thresh = cv.threshold(blur,0,255,cv.THRESH_BINARY | cv.THRESH_TRIANGLE)
        ret, thresh = cv.threshold(blur, 170, 255, cv.THRESH_BINARY)
        cv.imshow('out1', thresh)
        # 查找轮廓
        contours, hierarchy = cv.findContours(thresh, cv.RETR_TREE, \
                                                cv.CHAIN_APPROX_SIMPLE)[-2:]
        print(len(contours))
        # 找最大面积轮廓
        area_max = 0
```

```
            _cnt = None
            for cnt in contours:
                    x, y, w, h = cv.boundingRect(cnt)
                    area = cv.contourArea(cnt)
                    if x < 5 or y < 5 or (gray.shape[1] - 5 <= x <= gray.shape[1]) or (gray.shape[0] - 5
<= y <= gray.shape[0]):
                            print("过滤边框", x, y, w, h)
                            continue
                    if area > area_max:
                        area_max = area
                        _cnt = cnt
            # 直边界矩形
            x, y, w, h = cv.boundingRect(_cnt)
            print(x, y, w, h)
            frame = img[y:h + y, x:w + x]
            return frame
```

图像剪裁后对比原图效果如图 1-2-31 所示，左边为原始图像，右边为剪裁后的图像。

 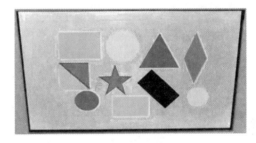

图 1-2-31　图像剪裁结果对比

2. 颜色分割

首先将颜色空间转化为 HSV。

```
roi_hsv = cv.cvtColor(image, cv.COLOR_BGR2HSV)
```

设置绿色、红色、黄色、橙色、青色、蓝色、紫色和黑色的 HSV 阈值。

```
# 绿色阈值
lower_green = np.array([41, 120, 100])
upper_green = np.array([77, 255, 255])
# 红色阈值
lower_red = np.array([0, 120, 100])
upper_red = np.array([10, 255, 255])
# 黄色阈值
lower_yellow = np.array([16, 60, 60])
```

```
upper_yellow = np.array([40, 255, 255])
# 橙色阈值
lower_orange = np.array([11, 120, 100])
upper_orange = np.array([25, 255, 255])
# 青色阈值
lower_cyan = np.array([78, 120, 100])
upper_cyan = np.array([99, 255, 255])
# 蓝色阈值
lower_blue = np.array([100, 120, 100])
upper_blue = np.array([124, 255, 255])
# 紫色阈值
lower_purple = np.array([125, 120, 100])
upper_purple = np.array([155, 255, 255])
# 黑色阈值
lower_black = np.array([0, 0, 0])
upper_black = np.array([180, 255, 45])
```

利用 inRange()函数分割单种颜色。以分割红色区域为例，首先分割出图像中的红色区域。

```
mask = cv.inRange(roi_hsv, lower_red, upper_red)
ret, threshed = cv.threshold(mask, 0, 255, cv.THRESH_BINARY | cv.THRESH_TRIANGLE)  # 二值化
```

颜色分割后二值化结果如图 1-2-32 所示。

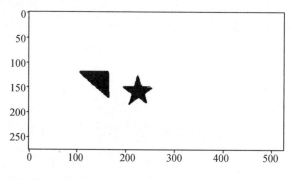

图 1-2-32　红色分割后二值化结果

分割出某种颜色的图形后，然后对分割出的图形区域利用函数 cv2.findContours ()查找轮廓。该函数有两个返回值：contours，存储着查找的轮廓；hierarchy，存储着查找的轮廓层次关系。

```
kernel = cv.getStructuringElement(cv.MORPH_RECT, (3, 3))
closed1 = cv.morphologyEx(threshed, cv.MORPH_CLOSE, kernel, iterations=1)  # 闭运算 1
contours, hierarchy = cv2.findContours(closed1, cv.RETR_TREE, cv.CHAIN_APPROX_SIMPLE)
[-2:] # 查找二进制图像中的轮廓
```

3. 形状识别

```python
# 遍历查找到的每个轮廓
for cnt in contours:
    arcLength = cv.arcLength(cnt, True)    # 计算弧长
    # 以指定的精度近似多边形曲线
    approxCurve = cv.approxPolyDP(cnt, 0.03 * arcLength, True)
    count = len(approxCurve)
    # 三角形判断
    if count == 3:
        # 三个顶点，返回结果是[[507 408]]
        a = approxCurve[0][0]
        b = approxCurve[1][0]
        c = approxCurve[2][0]
        # 计算三个顶点对应的角度（单位：度）
        angle_a = calculating_angle(b, c, a)
        angle_b = calculating_angle(a, c, b)
        angle_c = calculating_angle(a, b, c)
        # 取出最大角，判断是哪种三角形
        angle_max = max(angle_a, angle_b, angle_c)
        # 若 cosA>0 或 tanA>0（A 为最大角），则为锐角三角形，84-96
        # cos()函数计算余弦
        if math.cos(math.radians(angle_max)) > 0.05:
            shape_name = "锐角三角形"
        elif math.cos(math.radians(angle_max)) < -0.05:
            shape_name = "钝角三角形"
        else:
            shape_name = "直角三角形"
    # 五角星判断
    elif count == 10:
        shape_name = "五角星"
```

这里计算角度的函数如下：

```python
# 计算角度
def calculating_angle(p1, p2, p0):
    # 从三个坐标点中计算角度
    #p0 是交点
    x1 = p1[0] - p0[0]
```

```
y1 = p1[1] - p0[1]
x2 = p2[0] - p0[0]
y2 = p2[1] - p0[1]
angle = (x1*x2 + y1*y2)/math.sqrt((x1**2  + y1**2)*(x2**2 + y2**2))
return int(math.acos(angle) * 180/math.pi)
```

4. 结果绘制

最后将识别出的形状用矩形框标记，并打印出图像的颜色和形状，这里是分割的红色区域及其形状。

```
# 绘制矩形框
x, y, w, h = cv.boundingRect(threshed)    # 对二值图像进行边界提取
cv.rectangle(roi_hsv, (x, y), (x + w, y + h), (225, 0, 0), 1)    # 根据提取的图形边界绘制出矩形框
# 打印图像颜色和形状
# 创建一个可以在给定图像上绘图的对象
draw = ImageDraw.Draw(roi_hsv)
draw.text((x,y), color+shape_name, fill=(255, 0, 0))
```

红色区域形状识别结果如图 1-2-33 所示。

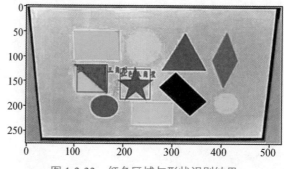

图 1-2-33　红色区域与形状识别结果

根据上述红色区域形状识别的方法，可以识别出其他区域的形状和颜色，结果如图 1-2-34 所示。

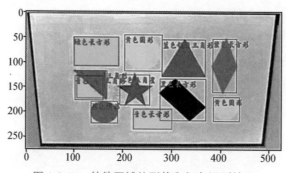

图 1-2-34　其他区域的形状和颜色识别结果

第三章　全连接神经网络

3.1　机器学习与深度学习

3.1.1　机器学习

1. 机器学习简介

机器学习（Machine Learning）是从人工智能中产生的一个重要学科分支，是实现智能化的关键。如图 1-3-1 所示，机器学习是将现实中的问题抽象为数学问题，计算机通过解决此数学问题从而解决现实中的实际问题的一门学科。因此，机器学习是专门研究计算机怎样模拟或实现人类的学习行为，以获取新知识或技能，再重新组织已有的知识结构使之不断改善自身的性能的一门学科技术。

现实问题抽象为数学问题　　机器解决数学问题从而解决现实问题

图 1-3-1　机器学习

2. 机器学习定义

从广义上来说，机器学习是一种能够赋予机器学习的能力，以此让它完成直接编程无法完成的功能的方法。

如图 1-3-2 所示，人类学习过程：通过以往问题总结其中的规律，并进行归纳总结提炼为经验，当遇到新的问题时，根据以往总结的经验解决此问题。机器学习过程：通过很多的历史数据进行模型训练，当新的数据来临时，根据训练完成的模型来预测结果。

图 1-3-2　人与机器学习对比

3. 机器学习的学习形式分类

根据机器学习的学习形式可分为：有监督学习、半监督学习、无监督学习、强化学习。

（1）有监督学习：从给定的有标注训练数据集中学习出一个函数（模型参数），当新的数据到来时可以根据这个函数预测结果。常见任务包括分类与回归。如图 1-3-3 所示，描述的是一个二分类问题，x_1 表示黑头发的比例，x_2 表示行走速度，Y 标记为 1 代表年轻人，标记为 - 1 代表老年人。通过已有 X 的数据训练模型，最终可以实现根据新的数据分辨是年轻人还是老年人。

Classification: Y is discrete

Y：年轻人(1)，老年人(-1)

X：x_1黑头发的比例， 值域(0,1)：

$\quad$ x_2行走速度， 值域(0,1)值域(0,100)m/min，

Training Data：

Y=1：(1,99)、(0.9,80)、(0.80,100)…

Y=-1：(0.2,30)、(0.5,50)、(0.4,30)…

Test：

X=(0.85,98)，Y=?

图 1-3-3 二分类问题

如图 1-3-4 所示，描述的是一个线性回归问题，X 代表房屋的面积，Y 代表房屋的价格，通过已有 X 的数据训练模型，最终可以实现输入新的房屋面积预测出房屋的价格。

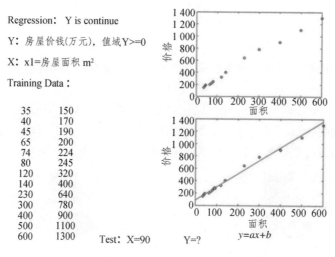

Regression：Y is continue

Y：房屋价钱(万元)，值域Y>=0

X：x1=房屋面积 m²

Training Data：

35	150
40	170
45	190
65	200
74	224
80	245
120	320
140	400
230	640
300	780
400	900
500	1100
600	1300

Test：X=90　　Y=?

$y=ax+b$

图 1-3-4 线性回归问题

（2）半监督学习：如图 1-3-5 所示，结合（少量的）标注训练数据和（大量的）未标注数据来进行数据的分类学习。

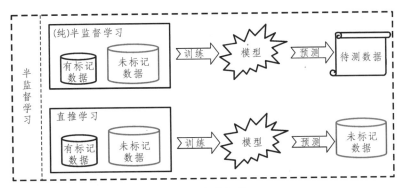

图 1-3-5　半监督学习

如图 1-3-6 所示，有少量马的图片有标签，剩余的都没有，然后根据标签数据对未知数据打标签做归类。

(a)少量签数据集(两个标签数据)

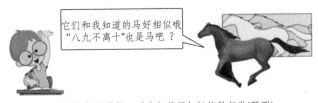

(b)根据标签数据，对未知数据打标签做归类(预测)

图 1-3-6　标签归类

（3）无监督学习：如图 1-3-7 所示，没有标注的训练数据集，需要根据样本间的统计规律对样本集进行分析。常见任务包括聚类等。

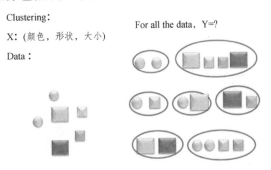

图 1-3-7　无监督学习

（4）强化学习（Reinforcement Learning，RL）：如图 1-3-8 所示，强化学习是机器学习的一个重要分支，它的本质是解决自动进行决策的问题，并且可以做连续决策，用于描述和解决智能体（Agent）在与环境的交互过程中通过学习策略以达成回报最大化或实现特定目标的问题。

图 1-3-8　强化学习

如图 1-3-9 所示，让计算机学着去玩 Flappy Bird（飞扬的小鸟），不需要设置具体的策略，例如先飞到上面，再飞到下面，只是需要给算法定一个"小目标"，如当计算机玩得好时，就给它一定的奖励；它玩得不好时，就给它一定的惩罚。在这个算法框架下，它就可以越来越好，超过人类玩家的水平。

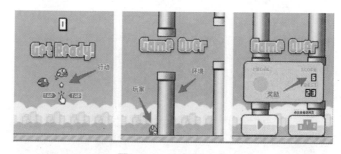

图 1-3-9　飞扬的小鸟

4. 机器学习应用范围

机器学习算法被广泛应用于模式识别、统计学习、数据挖掘、计算机视觉、语音识别、自然语言处理等领域，如图 1-3-10 所示。

图 1-3-10　机器学习与相关领域

从范围上来说，机器学习与模式识别、统计学习、数据挖掘是类似的，同时，机器学习与其他领域处理技术的结合，形成了计算机视觉、语音识别、自然语言处理等交叉学科。通常所说的机器学习应用，应该是通用的，不仅仅局限在结构化数据，还有图像、音频等应用。

3.1.2 深度学习

1. 深度学习简介

深度学习（Deep Learning）是机器学习领域中一个新的研究方向。深度学习是学习样本数据的内在规律和表示层次，这些学习过程中获得的信息，对诸如文字、图像和声音等数据的解释有很大的帮助。深度学习是一个复杂的机器学习算法，在语音和图像识别方面取得的成果，远远超过先前相关技术。

由图 1-3-11 可以明显看出，深度学习在从 2006 年崛起之前经历了两个低谷。这两个低谷也将神经网络的发展分为了三个不同的阶段。

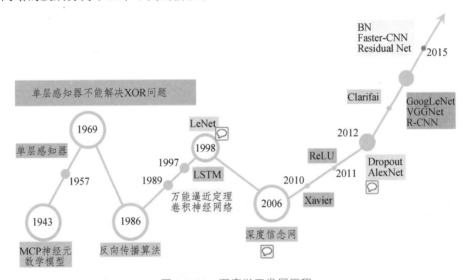

图 1-3-11 深度学习发展历程

第一阶段：最早的神经网络（Neural Networks）的思想起源于 1943 年的 MCP 人工神经元模型，该模型将神经元简化为了三个过程：输入信号线性加权、求和、非线性激活（阈值法）。第一次将 MCP 用于机器学习的是 1958 年 Rosenblatt 发明的感知器（Perceptron）算法。该算法使用 MCP 模型对输入的多维数据进行二分类，且能够使用梯度下降法从训练样本中自动学习更新权值。1962 年，该方法被证明为能够收敛，理论与实践效果引起第一次神经网络的浪潮。

第二阶段：Hinton 在 1986 年发明了适用于多层感知器（MLP）的 BP 算法，并采用 sigmoid 进行非线性映射，有效解决了非线性分类和学习的问题。该方法引起了神经网络的第二次热潮，但是 1991 年，BP 算法被指出存在梯度消失问题，即在误差梯度后向传递的过程中，后层梯度以乘性方式叠加到前层。由于 sigmoid 函数的饱和特性，后层梯度本来就小，误差梯度传到前层时几乎为 0，因此，无法对前层进行有效的学习，该发现对此时的 NN 发展雪上加霜。

第三阶段分为快速发展期和爆发期两个时期。

快速发展期（2006—2012 年）：2006 年是 DL 元年，Hinton 提出了深层网络训练中梯度消失问题的解决方案，即无监督预训练对权值进行初始化＋有监督训练微调。其主要思想是先通过自学习的方法学习到训练数据的结构（自动编码器），然后在该结构上进行有监督训练微调。但是由于没有特别有效的实验验证，该论文并没有引起重视。直到 2011 年，ReLU 激活函数被提出，该激活函数能够有效地抑制梯度消失问题。微软也首次将 DL 应用在语音识别上，取得了重大突破。

爆发期（2012 年至今）：2012 年，Hinton 课题组为了证明深度学习的潜力，首次参加 ImageNet 图像识别比赛，其通过构建的 CNN 网络 Alex-Net 一举夺得冠军，并且碾压第二名（SVM 方法）的分类性能。也正是由于该比赛，CNN 吸引到了众多研究者的注意。随着深度学习技术的不断进步以及数据处理能力的不断提升，2014 年，Facebook 基于深度学习技术的 DeepFace 项目，在人脸识别方面的准确率已经能达到 97% 以上，跟人类识别的准确率几乎没有差别。这样的结果也再一次证明了深度学习算法在图像识别方面的一骑绝尘。

2. 深度学习对比传统机器学习方法

传统机器学习：利用特征工程（Feature Engineering），人为对数据进行提取。

深度学习：利用表示学习（Representation Learning），机器学习模型自身对数据进行提炼，不需要选择特征、压缩维度、转换格式等对数据的处理。深度学习对比传统方法来说，最大的优势是自动特征的提取，如图 1-3-12 所示。

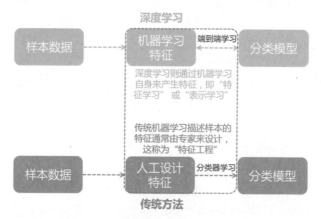

图 1-3-12　深度学习与传统机器学习

3. 深度学习的优缺点

深度学习的优点：

（1）学习能力强：从结果来看，深度学习对比传统的机器学习表现的效果非常好，它可以学习到数据的深层次特征，从而达到更高的识别率。

（2）覆盖范围广、适应性好：深度学习的神经网络层数很多，宽度很广，理论上可以映射到任意函数，所以能解决很复杂的问题。

（3）数据驱动、上限高：深度学习高度依赖数据，数据量越大，它的表现就越好。在图像识别、面部识别、NLP 等部分任务甚至已经超过人类的表现。同时，还可以通过调参进一步提高它的上限（也就是识别率）。

（4）可移植性好：由于深度学习的优异表现，有很多框架可以使用，如 TensorFlow、PyTorch 这些框架，可以兼容很多平台。

深度学习的缺点：

（1）计算量大、便携性差：深度学习需要大量的数据、大量的算力，所以成本很高，大部分深度学习模型只能在高性能的主机上运行。目前已有轻量级的深度学习模型和量化工具支持在移动设备上使用，同时目前已有很多公司和团队在研发高算力的 AI 芯片，如 AI 芯片独角兽地平线。

（2）硬件需求高：深度学习对算力的要求很高，模型参数少则几百万，多则上亿，普通的 CPU 已经无法满足深度学习的要求，主流的算力都是使用 GPU 和 TPU，所以对硬件的要求很高，成本也很高。

（3）模型设计复杂：深度学习的模型设计非常复杂，需要投入大量的人力、物力和时间来开发新的算法和模型，大部分人只能使用现成的模型。

3.2　TensorFlow 基本操作

在深度学习初始阶段，每个深度学习研究者都需要写大量重复的代码。为了提高工作效率，一些研究者就将这些代码写成了一个框架分享到网上让所有研究者一起使用。因此，各种深度学习框架就应运而生。目前主流深度学习框架主要有 Tensorflow、Caffe、Theano、PaddlePaddle、MXNet、Torch 和 PyTorch 等。

TensorFlow 是 Google 基于 DistBelief 进行研发的第二代人工智能学习系统，其命名来源于本身的运行原理，是当今十分流行的深度学习框架。TensorFlow 提供全面的服务，无论是 Python、C++、Java、Go，甚至是 JavaScript、Julia、C#等几乎所有的开发者都可以从各自熟悉的语言入手，开始深度学习的旅程。TensorFlow 有很直观的计算图可视化呈现。模型能够快速地部署在各种硬件机器上，从高性能的计算机到移动设备，再到更小的更轻量的智能终端。

3.2.1　TensorFlow 的基本概念

TensorFlow 中的计算可以表示为计算图（Computation Graph），其中每一个运算操作将作为一个节点（Node），节点与节点之间的连接称为边（Edge），而在计算图的边中流动的数据被称为张量（Tensor），所以形象地看整个操作就好像数据张量在计算图中沿着边流过一个个节点。

2017 年 1 月初，谷歌公布了 TensorFlow 1.0.0-alpha，即 TensorFlow 1.0 的第一个"草稿"版本。该版本发布后，其更新速度快、质量高,各大平台支持也很广,学习文档也越来越丰富,让很多刚开始学习深度学习的开发者不用"重复造轮子"。

2019 年，TensorFlow 发布了 2.0 版本，TensorFlow 2.0 将重点放在简单和易用性上，宗旨就是简易性、扩展性、更清晰。核心功能是动态图机制 Eager execution，且作为默认模式。它允许用户像正常程序一样去编写、调试模型，使 TensorFlow 更易于学习和应用。

经过多年的发展 TensorFlow 添加了许多组件，多种 API 接口最终导致使用上手难度高、开发困难等问题，在 2.0 版本中，这些组件被打包成一个综合平台，可支持机器学习的工作流程

（从训练到部署），如图 1-3-13 所示。

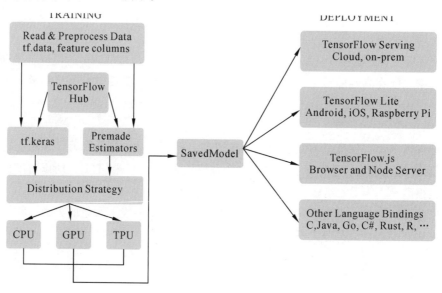

图 1-3-13　TensorFlow 模型

TensorFlow 服务：TensorFlow 库允许通过 HTTP/REST 或 gRPC/协议缓冲区提供模型。

TensorFlow Lite：TensorFlow 针对移动和嵌入式设备的轻量级解决方案提供了在 Android、iOS 和嵌入式系统（如 Raspberry Pi 和 Edge TPU）上部署模型的功能。

TensorFlow.js：允许在 JavaScript 环境下部署模型，如在 Web 浏览器或服务器端通过 Node.js 实现部署。TensorFlow.js 还支持使用类似 Keras 的 API 在 JavaScript 中定义模型，并直接在 Web 浏览器中进行训练。

TensorFlow 还支持其他语言，包括 C、Java、Go、C#、Rust、Julia、R 等。

3.2.2　Tensor 基本概念

1. Tensor 的概念

在 TensorFlow 中，所有的数据都通过张量的形式来表示，从功能的角度，张量可以简单理解为多维数组，如图 1-3-14 所示。

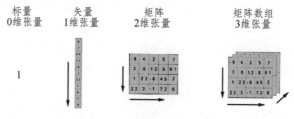

图 1-3-14　Tensor

点：标量（Scalar）标量只有大小概念，没有方向的概念。通过一个具体的数值就能表达完整，如重量、温度、长度、体积、时间、热量等，都是数据标量。

线：向量（Vector）有大小也有方向。

面：矩阵（Matrix）。

体：张量（Tensor）。

张量是多维数组，目的是把向量、矩阵推向更高的维度，如图 1-3-15 所示。

标量　　　　向量　　　　　　矩阵　　　　　　张量

图 1-3-15　Tensor 相关名词

2. Tensor 的属性

tf. Tensor([15]，shape=(2,), dtype= int16)

Tensor 参数包括数据、形状、类型，数据（data）指张量的数值；形状（shape）指张量的维度信息，shape=()，表示是标量；类型（dtype）指的张量的数据类型。

3. Tensor 的形状

三个术语描述张量的维度：阶（rank）、形状（shape）、维数（dimension number），见表 1-3-1。

表 1-3-1　Tensor 术语

阶	形　状	维数	例　子
0	0	0-D	2
1	[D0)	1-D	[2, 4, 6]
2	(D0, D1)	2-D	[[2, 3], [3, 4]]
3	(D0, D1, D2)	3-D	[[[2], [3]], [3], [4]]
n	(D0, D1,, Dn−1)	n-D	形状为(D0, D1,…, Dn−1)

查看 Tensor 形状示例代码如下：

```
import tensorflow as tf
tensor = tf.constant([[[1, 1], [2, 2]],
                      [[3, 3], [4, 4]]], tf.float32)


print(tensor)
```

程序运行结果如图 1-3-16 所示。

```
tf.Tensor(
[[[1. 1.]
  [2. 2.]]

 [[3. 3.]
  [4. 4.]]], shape=(2, 2, 2), dtype=float32)
```

图 1-3-16　查看 Tensor 形状

将 Tensor 转化为 numpy 数据示例代码如下：

```
import tensorflow as tf

scalar = tf.constant(10)
vector = tf.constant([1, 2, 3, 4, 5])
matrix = tf.constant([[1, 2, 3], [4, 5, 6]])
tensor = tf.constant([[[1], [1], [1]], [[2], [2], [2]], [[3], [3], [3]]])

print('vector[2]:', vector[2].numpy())
print('matrix[1][2]:', matrix[1][2].numpy())
print('tensor[1][2][0]:', tensor[1][2][0].numpy())
print('vector:\n{}\n{}'.format(type(vector), type(vector.numpy())))
```

程序运行结果如图 1-3-17 所示。

```
vector[2]: 3
matrix[1][2]: 6
tensor[1][2][0]: 2
vector:
<class 'tensorflow.python.framework.ops.EagerTensor'>
<class 'numpy.ndarray'>
```

图 1-3-17　将 Tensor 转化为 numpy 数据

3.2.3　创建常量与变量

1. constant（常量）

常量的属性包括 value、dtype、shape、name，如图 1-3-18 所示。

value ——→ 符合tf中定义的数据类型的常数值或者常数列表

dtype ——→ 数据类型(可选)

shape ——→ 常量的形状(可选)

name ——→ 常量的名字(可选)

图 1-3-18　常量

```
tf . constant(
value，dtype=None，shape=None, name=' Const'
)
```

2. 常数生成函数

tf.zeros()和 tf.ones()函数，生成全零或者全一的向量，参数有 shape、dtype 和 name。tf.fill()函数用于生成指定 Tensor 的值。

```
zero = tf.zeros([2, 3])
```

```
one = tf.ones([2, 3])
fill = tf.fill([1, 3], 2)

print("zero:{}\none:{}\nfill:{}\n".format(zero, one, fill))
```

程序运行结果如图 1-3-19 所示。

```
zero:[[0. 0. 0.]
 [0. 0. 0.]]
one:[[1. 1. 1.]
 [1. 1. 1.]]
fill:[[2 2 2]]
```

图 1-3-19　常数生成函数

3. 随机数生成函数

生成正态度分布的随机数：tf.random.normal 函数，随机参数分布使用的是正态分布，主要参数包括平均值、标准差、取值类型。

生成截断式正态分布的随机数：tf.truncated.normal 函数，随机参数分布满足正态分布，当如果随机数偏离平均值超过 2 个标准差，那么这个数将会被重新分配一个随机数，主要参数包括平均值、标准差、取值类型。

生成均匀分布的随机数：tf.random.uniform 函数，随机参数满足平均分布，主要参数包括最小值、最大值、取值类型。

4. Variable(变量)

变量就是在运行过程中值会改变的单元。变量常用参数为初始的变量值 initial_value，数据类型 dtype，变量的名字 name。

```
variable=tf.Variable(tf.ones([2,3]),dtype=tf.float32,name='variable_0')。
```

程序运行结果如图 1-3-20 所示。

```
<tf.Variable 'variable_0:0' shape=(2, 3) dtype=float32, numpy=
array([[1., 1., 1.],
       [1., 1., 1.]], dtype=float32)>
```

图 1-3-20　变量

3.3　神经网络实现原理

3.3.1　神经元数学模型

1. 生物神经元转换为人工神经元

生物神经元由树突、轴突和突触组成，如图 1-3-21 所示，树突用来接收信号，轴突用来传出信号，突触用于连接其他神经元。

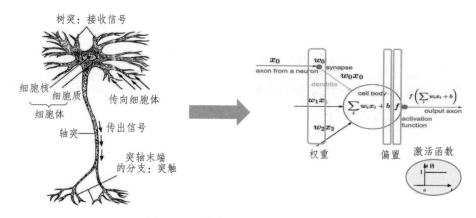

图 1-3-21 生物神经元到人工神经元

将生物神经元转换为数学模型之后的公式为

$$f\left(\sum_i w_i x_i + b\right)$$

式中，x 对应生物神经元的树突；权重（w）和偏置（b）对应生物神经元的轴突；f 表示为激活函数，对应生物神经元的突触。

2. 权重（w）和偏置（b）

如图 1-3-22 所示，需要将三角形和圆形进行分类，x_1 表示三角形，x_2 表示圆形。使用神经元训练可以得到一个直线，去线性分开这些数据点。直线的函数表达式为

$$y = w_1 x_1 + w_2 x_2 + b$$

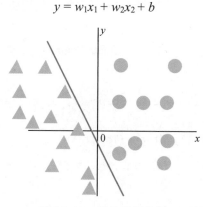

图 1-3-22 线性分割结果

这条直线作为分隔边界，这个边界是 $w_1 x_1 + w_2 x_2 + b = 0$ 的方程，而 $w_1 x_1 + w_2 x_2 + b$ 是作为激活函数 sigmoid 的输入处理。激活函数将这个输入映射到(0,1)的范围内。可以增加一个维度来表示激活函数的输出。

可以认为 $g(x) > 0.5$ 就为正类（这里指圆形），$g(x) < 0.5$ 就为负类，这里指三角形类。得到如图 1-3-23 所示的三维图，第三维 z 可以看成是一种类别（如圆形是+1、三角形是–1）。

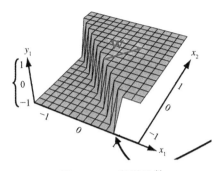

图 1-3-23 激活函数

从图 1-3-23 可得，当将这个三维图进行投影时，就是直线分割好两类的平面图，三维图中的那个分割平面投影下来就是方程

$$w_1x_1 + w_2x_2 + b = 0$$

右边输出为 1 的部分就是说 $w_1x_1 + w_2x_2 + b > 0$，导致激活函数输出 > 0.5，从而分为正类（圆形类），左边输出为 -1 的部分就是说 $w_1x_1 + w_2x_2 + b < 0$，导致激活函数输出 < 0.5，从而分为负类（三角形类）。

参数 w 的作用：其中 w 参数决定分割平面的方向。分割平面的投影就是直线 $w_1x_1 + w_2x_2 + b = 0$。在 2 个输入中，可以得到 $w = [w_1, w_2]$，令方程 $w_1x_1 + w_2x_2 + b = 0$，那么该直线的斜率就是 $-w_1/w_2$。随着 w_1、w_2 的变动，直线的方向也在改变，那么分割平面的方向也在改变。

参数 b 的作用：决定竖直平面沿着垂直于直线方向移动的距离，当 $b > 0$ 时，直线往左边移动；当 $b < 0$ 时，直线往右边移动。

3.3.2 相关专业名词

1. 特征和标签

如图 1-3-24 所示，特征是指用于描述数据的输入变量 x，即线性回归中的 $\{x_1, x_2, \cdots, x_n\}$ 变量；标签是要预测的真实事物 y，即线性回归中的 y 变量。

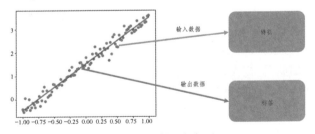

图 1-3-24 特征与标签

2. 样本和模型

样本是指数据的特定实例：x。有标签样本具有 $\{$特征，标签$\}$：$\{x, y\}$，用于训练模型；无标签样本具有 $\{$特征$\}$：$\{x\}$，用于对新数据做出预测。

模型可将样本映射到预测标签：y。由模型的内部参数定义，这些内部参数值是通过学习得到的。

3. 训练模型

训练模型表示通过有标签样本来学习（确定）所有权重（w）和偏置（b）的理想值。在监督式学习中，机器学习算法通过以下方式构建模型：检查多个样本并尝试找出可最大限度地减少损失的模型，这一过程称为经验风险最小化。

4. 超参数

在机器学习中，超参数是在开始学习过程之前设置值的参数，而不是通过训练得到的参数数据。通常情况下，需要对超参数进行优化，选择一组好的超参数，可以提高学习的性能和效果超参数是编程人员在机器学习算法中用于调整的旋钮。

典型超参数：学习率、神经网络的隐含层数量等。

3.3.3 神经网络模型训练流程

1. 模型训练的流程

训练模型的步骤如图 1-3-25 所示。第一步，将数据输入神经网络；第二步，神经网络对输入数据进行推理预测；第三步，根据神经网络预测结果与实际标签中的差值之和来通过损失函数计算损失；第四步，使用梯度下降优化方法调整神经网络中的参数（权重和偏置），实际上是一个求梯度的过程。

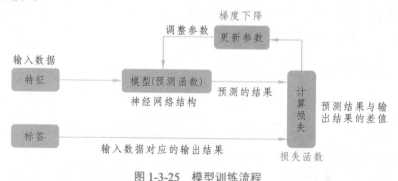

图 1-3-25　模型训练流程

2. 损失

损失是对糟糕预测的惩罚，损失是一个数值，表示对于单个样本而言模型预测的准确程度。如果模型的预测完全准确，则损失为零，否则损失会较大。训练模型的目标是从所有样本中找到一组平均损失"较小"的权重和偏置，如图 1-3-26 所示。

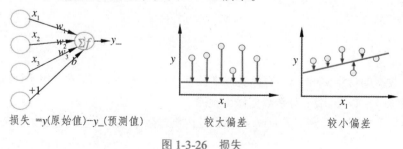

图 1-3-26　损失

为什么使用损失函数？在神经网络中并不希望所有的权重（w）和偏置（b）都是人为设定的，而是希望给定随机值，程序能够根据数据自己填写参数，如图1-3-27所示。

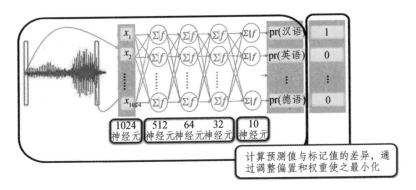

图1-3-27 损失函数

损失函数（Loss Function）用来表示当前的神经网络对训练数据不拟合的程度。常见的损失函数包括均方误差和交叉熵等。

均方误差损失函数（Mean Squared Error，MSE）如下：

$$\text{Loss}(y, \hat{y}) = (y - \hat{y})^2, \hat{y} = f(x, w)$$

交叉熵损失函数（Cross Entropy Error，CEE）：交叉熵损失函数是信息论的概念，主要是衡量两个概率分布的差异。

$$\text{Loss}(y, \hat{y}) = -\sum_{i=1}^{C} y_i \cdot \log \hat{y}_i, \hat{y}_i = f_i(x, w)$$

3. 梯度

梯度如图1-3-28所示，一个向量（矢量），表示某一函数在该点处的方向导数沿着该方向取得最大值，即函数在该点处沿着该方向（此梯度的方向）变化最快，变化率最大。

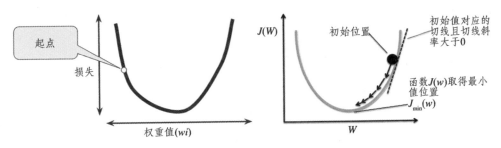

图1-3-28 梯度

梯度下降：其目的是自动调整参数。首先选择一个初始参数值w，然后按照梯度递减的方向调整参数取值。通过梯度下降不断调整参数使损失降到最低，参数达到最优，如图1-3-29所示。

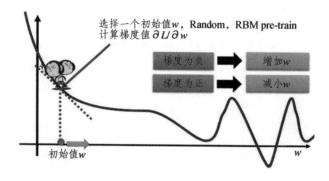

（a）选择初始位置

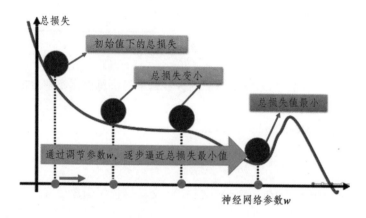

（b）梯度下降调整参数

图1-3-29　梯度下降过程

4. 学习率

学习率如图1-3-30所示。用梯度乘以一个称为学习率（有时也称为步长）的标量，以确定下一个点的位置。例如，如果梯度大小为2.5，学习率为0.01，则梯度下降法算法会选择距离前一个点0.025的位置作为下一个点。

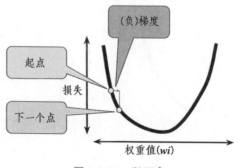

图1-3-30　学习率

在神经网络训练过程中要选择合适的学习率，防止出现学习率过小导致梯度变化缓慢或直接消失，或者学习率过大导致梯度爆炸越过了最低点的情况。

3.3.4　神经网络线性回归

1. 一元线性回归问题

线性回归是利用数理统计中回归分析，来确定两种或两种以上变量间相互依赖定量关系的一种统计分析方法。如图 1-3-31 所示，其表达形式为

$$y = wx + b$$

回归分析中，只包括一个自变量和一个因变量，且二者的关系可用一条直线近似表示，这种回归分析称为一元线性回归。

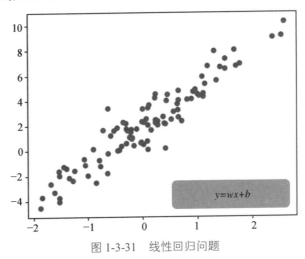

图 1-3-31　线性回归问题

将一元线性回归数学公式 $y = wx + b$ 对应到神经元的数学模型中，如图 1-3-32 所示。

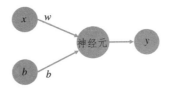

图 1-3-32　神经元数学模型

假设 $y = x^2$，若 $x = 3$ 时，则 $y = 9$。若 $x_{x+1} = 3.001$ 时，则 $y = 9.006001$。根据公式可得 x 的梯度为 $2x$：

$$\frac{df(x)}{dx} = \frac{f(x+0.001) - f(x)}{0.001} = 6$$

使用 TensorFlow 实现自动求梯度，参考代码如下：

```
with tf.GradientTape() as tape:
    x = tf.Variable(3.0)
    y = tf.pow(x, 2)
    grad = tape.gradient(y, x)
    print(grad)
```

运行结果如图 1-3-33 所示。

```
tf.Tensor(6.0, shape=(), dtype=float32)
```

图 1-3-33　梯度运行结果

注意：求梯度时定义的张量类型必须为变量，也就是可训练的，并且数据类型必须为浮点型，否则会导致梯度为空。

2. 线性回归模型训练

第一步，准备输入数据，从正态分布中生成随机数作为输入数据，并在输出数据中增加随机生成的噪声。

```
# 定义初始值权重和偏置
TRUE_W = 3.0
TRUE_B = 2.0

# 获取训练数据，将训练数据与噪声进行综合
NUM_EXAMPLES = 100
inputs = tf.random.normal(shape=[NUM_EXAMPLES])
noise = tf.random.normal(shape=[NUM_EXAMPLES])
outputs = inputs * TRUE_W + TRUE_B + noise
```

生成的数据如图 1-3-34 所示。

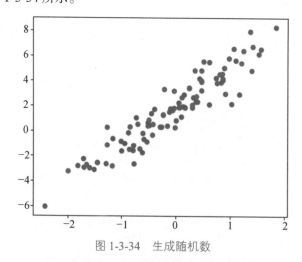

图 1-3-34　生成随机数

第二步，搭建一元线性回归模型 $y=wx+b$。

```
# 定义模型  w*x+b
class Model(object):
    def __init__(self):
        self.W = tf.Variable(1.2)
        self.b = tf.Variable(0.5)
```

```
    def __call__(self, inputs):
        return self.W * inputs + self.b
```

损失函数使用均方误差损失函数，主要分三步：求差、求平方、求平均。

```
# 定义损失函数
def compute_loss(y_true, y_pred):
    return tf.reduce_mean(tf.square(y_true-y_pred))
```

梯度下降模型训练：使用损失函数计算的总损失对权重和偏置求梯度，并根据梯度衰减权重和偏置的值，循环往复 45 轮。

```
def main():
    model = Model()              # 创建模型
    learning_rate = 0.05         # 学习率
    loss_buf = []                # 存储每一个批次的损失值
    for epoch in range(45):  # 轮数
        with tf.GradientTape() as tape:  # 自动求梯度
            loss = compute_loss(outputs, model(inputs))    # 计算损失值
        dw, db = tape.gradient(loss, [model.w, model.b])      # 获取梯度值

        # 衰减权重和偏置
        model.w.assign_sub(learning_rate * dw)
        model.b.assign_sub(learning_rate * db)

        print("epoch %2d: w_true= %.2f, w_pred= %.2f; b_true= %.2f, b_pred= %.2f, loss= %.2f" %(
            epoch+1, TRUE_W, model.w.numpy(), TRUE_B, model.b.numpy(), loss.numpy()))
```

程序运行结果如图 1-3-35 所示，经过多次参数调整最终使用一条直线拟合数据，解决一元线性回归问题。

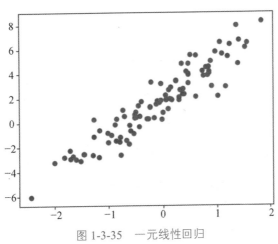

图 1-3-35　一元线性回归

3.3.5 多元线性回归问题

在回归分析中，如果有两个或两个以上的自变量，就称为多元回归。事实上，一种现象常常是与多个因素相联系的。由多个自变量的最优组合共同来预测或估计因变量，比只用一个自变量进行预测或估计更有效，更符合实际。因此，多元线性回归比一元线性回归的实用意义更大。

下面利用神经网络多元线性回归实现对波士顿房价预测。

1. 波士顿房价数据集

波士顿房价预测数据集共有 506 个观察，13 个输入变量和 1 个输出变量，每个类的观察值数量是均等的，每条数据包含房屋及房屋周围的详细信息。其中包括城镇犯罪率、一氧化氮浓度、住宅平均房间数、到中心区域的加权距离及自住房平均房价等，如图 1-3-36 所示。

CRIM	ZN	INDUS	CHAS	NOX	RM	AGE	DIS	RAD	TAX	PTRATIO	B	LSTAT	MEDV
0.00632	18.00	2.310	0	0.5380	6.5750	65.20	4.0900	1	296.0	15.30	396.90	4.98	24.00
0.02731	0.00	7.070	0	0.4690	6.4210	78.90	4.9671	2	242.0	17.80	396.90	9.14	21.60
0.02729	0.00	7.070	0	0.4690	7.1850	61.10	4.9671	2	242.0	17.80	392.83	4.03	34.70
0.03237	0.00	2.180	0	0.4580	6.9980	45.80	6.0622	3	222.0	18.70	394.63	2.94	33.40
0.06905	0.00	2.180	0	0.4580	7.1470	54.20	6.0622	3	222.0	18.70	396.90	5.33	36.20
0.02985	0.00	2.180	0	0.4580	6.4300	58.70	6.0622	3	222.0	18.70	394.12	5.21	28.70
0.08829	12.50	7.870	0	0.5240	6.0120	66.60	5.5605	5	311.0	15.20	395.60	12.43	22.90
0.14455	12.50	7.870	0	0.5240	6.1720	96.10	5.9505	5	311.0	15.20	396.90	19.15	27.10
0.21124	12.50	7.870	0	0.5240	5.6310	100.00	6.0821	5	311.0	15.20	386.63	29.93	16.50

CRIM—城镇人均犯罪率；
ZN—占地面积超过25000平方英尺的住宅用地比例；
INDUS—每个城镇非零售业务的比例；
CHAS—Charles River虚拟变量(如果是河道，则为1；否则为0)；
NOX—氧化氮浓度(每千万份)；
RM—每间住宅的平均房间数；
AGE—1940年以前建造的自住单位比例；
DIS—加权距离波士顿的5个就业中心；

DIS—加权距离波士顿的5个就业中心；
RAD—径向高速公路的可达性指数；
TAX—每10000美元的全额物业税率；
PTRATIO—城镇的学生与教师比例；
LSTAT—人口状况下降，%；
MEDV—自有住房的中位数报价，单位1000美元。

图 1-3-36　波士顿房价数据集

2. 数据集数据读取

使用 Tensorflow contrib 数据集直接加载波士顿房价预测数据，示例代码如下：

```python
import matplotlib.pyplot as plt
import tensorflow as tf
import pandas as pd


# 导入波士顿房价数据集
boston_housing = tf.keras.datasets.boston_housing
(train_x, train_y), (test_x, test_y) = boston_housing.load_data()
print(test_x.shape)


column_names = ['CRIM', 'ZN', 'INDUS', 'CHAS', 'NOX', 'RM', 'AGE', 'DIS', 'RAD',
                'TAX', 'PTRATIO', 'B', 'LSTAT']
df = pd.DataFrame(test_x, columns=column_names)
print(df.head())
```

数据集加载结果如图 1-3-37 所示。

	CRIM	ZN	INDUS	CHAS	NOX	...	RAD	TAX	PTRATIO	B	LSTAT
0	0.00632	18.0	2.31	0.0	0.538	...	1.0	296.0	15.3	396.90	4.98
1	0.02731	0.0	7.07	0.0	0.469	...	2.0	242.0	17.8	396.90	9.14
2	0.02729	0.0	7.07	0.0	0.469	...	2.0	242.0	17.8	392.83	4.03
3	0.03237	0.0	2.18	0.0	0.458	...	3.0	222.0	18.7	394.63	2.94
4	0.06905	0.0	2.18	0.0	0.458	...	3.0	222.0	18.7	396.90	5.33

[5 rows x 13 columns]

图 1-3-37　波士顿房价数据载入结果

3. 特征数据归一化

为了消除数据特征之间的量纲影响，需要对特征进行归一化处理，使各指标处于同一数值量级，使得不同指标之间具有可比性，以便进行分析。对数值类型的特征做归一化可以将所有的特征都统一到一个大致相同的数值区间内。

最常用的数据归一化方法主要有两种线性函数归一化和零均值归一化。

线性函数归一化：对原始数据进行线性变换，使结果映射到[0,1]的范围，实现对原始数据的等比缩放。归一化公式如下：

$$X_{\text{norm}} = \frac{X - X_{\min}}{X_{\max} - X_{\min}}$$

零均值归一化：将原始数据映射到均值为 0、标准差为 1 的分布上。假设原始特征的均值为 μ、标准差为 σ，那么归一化公式定义为

$$z = \frac{x - \mu}{\sigma}$$

```
# 特征数据归一化
def normalize(data_nz):
    # 对特征数据{0 到 12}列 做（0-1）归一化
    return (data_nz - data_nz.min(axis=0)) \
            / (data_nz.max(axis=0) - data_nz.min(axis=0))
# 数据归一化处理
train_x = normalize(train_x)
test_x = normalize(test_x)
```

如图 1-3-38 所示，训练集原始数据与归一化后的数据对比。

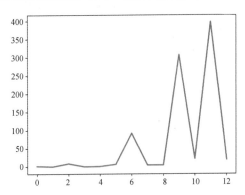

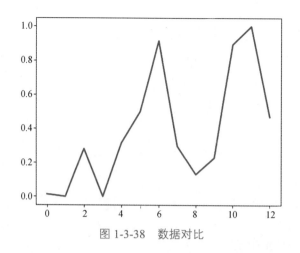

图 1-3-38　数据对比

4. 多元线性回归模型构建

接下来介绍如何使用神经网络去解决多元线性回归问题。如图 1-3-39 所示,将房屋以及房屋周围的详细信息比作神经元的输入 X,将房价的预测结果比作神经元的输出 Y。

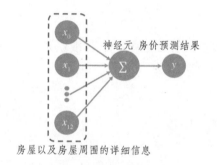

图 1-3-39　多元线性回归问题

转换为神经元模型结构,如图 1-3-40 所示。

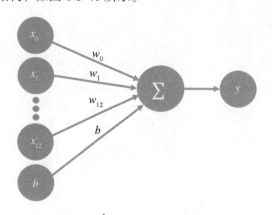

图 1-3-40　神经元结构模型

构建多元线性回归模型,首先修改数据集的形状。因数据集中的 Y 值为 1 维数组,而模型的计算结果为 2 维数组,要修改数据集的形状,与模型输出结果的形状相匹配。

```
Y_train = tf.constant(train_y.reshape(-1, 1), tf.float32)
Y_test = tf.constant(test_y.reshape(-1, 1), tf.float32)

print('train_y.shape:', train_y.shape, 'Y_train.shape:', Y_train.shape)
print('test_y.shape:', test_y.shape, 'Y_test.shape:', Y_test.shape)
```

程序运行结果如图 1-3-41 所示。

```
train_y.shape: (404,) Y_train.shape: (404, 1)
test_y.shape: (102,) Y_test.shape: (102, 1)
```

图 1-3-41　修改数据集形状结果

搭建模型代码如下：

```
class Model(object):
    def __init__(self):
        self.w = tf.Variable(tf.random.normal([13, 1], stddev=0.01), dtype=tf.float32)
        self.b = tf.Variable(1.2)

    def __call__(self, inputs):
        return inputs @ self.w + self.b
```

定义损失函数，主要分三步：求差、求平方、求平均。

```
# 定义损失函数
def compute_loss(y_true, y_pred):
    return tf.reduce_mean(tf.square(y_true-y_pred))
```

梯度下降模型训练，使用损失函数计算的总损失对权重和偏置求梯度，并根据梯度衰减权重和偏置的值，学习率为 0.01，训练轮数为 3000。

```
learn_rate = 0.01        # 学习率
epoch = 3000             # 训练轮数
model = Model()
for i in range(0, epoch + 1):
    with tf.GradientTape() as tape:
        PRED_train = model(train_x)
        Loss_train = 0.5 * compute_loss(Y_train, PRED_train)

        PRED_test = model(test_x)
        Loss_test = 0.5 * compute_loss(Y_test, PRED_test)

    grad = tape.gradient(Loss_train, [model.w, model.b])
    model.w.assign_sub(learn_rate * grad[0])
```

```
model.b.assign_sub(learn_rate * grad[1])

if i % 200 == 0:
    print("epoch:%i, Train Loss:%f, Test Loss:%f" % (i, Loss_train, Loss_test))
```

程序运行结果如图 1-3-42 所示，训练集和测试集的损失值曲线基本一致，因为模型中只有一个神经元，实际结果与预测值之间还有较大损失。

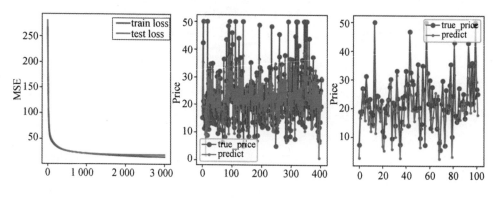

图 1-3-42　波士顿房价运行结果

3.4　神经网络非线性回归

3.4.1　非线性回归问题

如图 1-3-43 所示，数据为线性分布时，使用线性函数即可拟合数据。

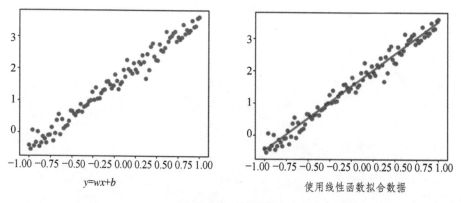

图 1-3-43　线性回归

数据为非线性分布，使用线性函数无法拟合，要想拟合非线性数据就要将直线变弯转换为非线性去拟合数据，如图 1-3-44 所示。

在线性回归问题中每一层输出只是承接了上一层输入函数的线性变换，无论神经网络有多少层，输出都是输入的线性组合。要将神经网络应用于非线性问题，使得神经网络可以逼近任何非线性函数，就需要使用激活函数给神经元引入非线性的因素，这样神经网络就可以应用到非线性模型中。

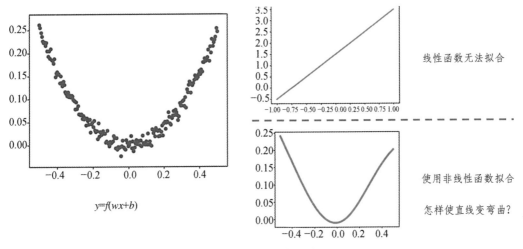

$$y=f(wx+b)$$

图 1-3-44　非线性回归

3.4.2　激活函数

如图 1-3-45 所示，在生物意义上的神经元中，只有前面的树突传递的信号的加权和值大于某一个特定的阈值时，后面的神经元才会被激活。简单地说，激活函数的意义在于判定每个神经元的输出。

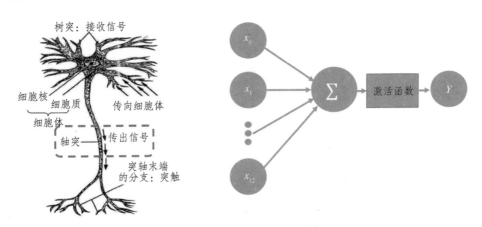

图 1-3-45　轴突对应激活函数

激活函数对模型学习、理解非常复杂的非线性函数具有重要作用。激活函数可以引入非线性因素。如果不使用激活函数，则输出信号仅是一个简单的线性函数。线性函数为一个一级多项式，线性方程的复杂度有限，从数据中学习复杂函数映射的能力很小。没有激活函数，神经网络将无法学习和模拟其他复杂类型的数据，如图像、视频、音频、语音等。激活函数可以把当前特征空间通过一定的线性映射转换到另一个空间，让数据能够更好被分类。

在深度学习中，常用的激活函数主要有 sigmoid 函数、tanh 函数和 ReLU 函数等。

Sigmoid 函数：如图 1-3-46 所示，将实数映射到[0,1]区间，常用作二分类。函数的定义为

$$f(x)=\frac{1}{1+\mathrm{e}^{-x}}$$

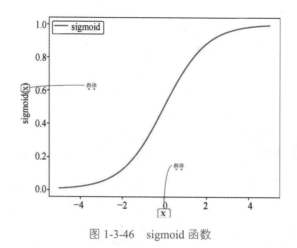

图 1-3-46　sigmoid 函数

Tanh 函数：如图 1-3-47 所示，将实数映射到[–1,1]区间，常用在 RNN 中。函数的定义为

$$f(x) = \tanh(x) = \frac{e^x - e^{-x}}{e^x + e^{-x}}$$

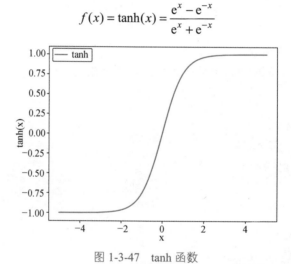

图 1-3-47　tanh 函数

ReLU 函数：如图 1-3-48 所示，线性运算，效率极高，常用在 CNN 中。函数的定义为

$$f(x) = \max(0, x)$$

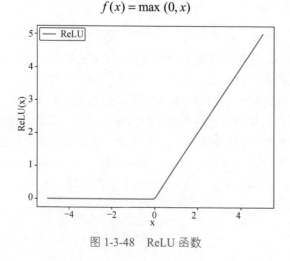

图 1-3-48　ReLU 函数

Leak ReLU 函数：如图 1-3-49 所示，Leak ReLU 给所有负值赋予一个非零斜率。函数的定义为

$$f(x) = \begin{cases} ax, & x < 0 \\ x, & x > 0 \end{cases}$$

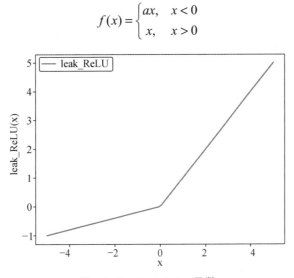

图 1-3-49　Leak ReLu 函数

SoftPlus 函数：如图 1-3-50 所示，SoftPlus 可以看作是 ReLU 的平滑。函数定义为

$$f(x) = \ln\left(1 + e^x\right)$$

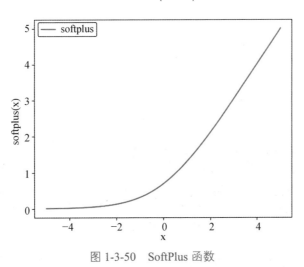

图 1-3-50　SoftPlus 函数

3.4.3　非线性回归问题实战

1. 生成模拟数据

使用 numpy 生成随机数据和噪声数据，使用函数 $y = x^2$，计算出 y 值。

```
import tensorflow as tf
import numpy as np
```

```
import matplotlib.pyplot as plt

# 使用 numpy 生成 200 个随机点
x_data = np.linspace(-0.5, 0.5, 200)[:, np.newaxis]
noise = np.random.normal(0, 0.02, x_data.shape)
y_data = np.square(x_data) + noise
plt.scatter(x_data, y_data)
plt.show()
```

程序运行结果如图 1-3-51 所示。

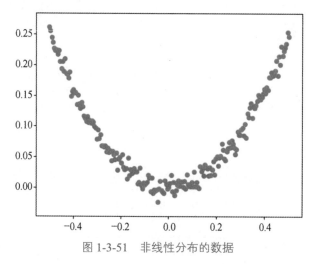

图 1-3-51　非线性分布的数据

2. 构建模型

模型结构为 1 个输入层（X）、1 个隐藏层（10 个神经元）、1 个输出层（Y）。

```
class Model(object):
    def __init__(self):
        self.w1 = tf.Variable(tf.random.normal([1, 10]))
        self.b1 = tf.Variable(tf.zeros([1, 10]))
        self.w2 = tf.Variable(tf.random.normal([10, 1]))
        self.b2 = tf.Variable(tf.zeros([1, 1]))

    def __call__(self, inputs):
        output = inputs @ self.w1 + self.b1
        output = tf.nn.tanh(output)
        output = output @ self.w2 + self.b2
        output = tf.nn.tanh(output)
        return output
```

定义损失函数主要分为三步：求差、求平方、求平均。

```
# 定义损失函数
def compute_loss(y_true, y_pred):
    return tf.reduce_mean(tf.square(y_true-y_pred))
```

梯度下降模型训练，使用损失函数计算的总损失对权重和偏置求梯度，并根据梯度衰减权重和偏置的值，学习率为 0.2，训练轮数为 1 000。

```
learn_rate = 0.2        # 学习率
epoch = 1000            # 训练轮数
model = Model()         # 定义模型
loss_buf = []                  # 存储每一个批次的损失值
for i in range(0, epoch + 1):
    with tf.GradientTape() as tape:
        PRED_train = model(x_data)
        Loss_train = compute_loss(y_data, PRED_train)

    grad = tape.gradient(Loss_train, [model.w1, model.b1, model.w2, model.b2])
    model.w1.assign_sub(learn_rate * grad[0])
    model.b1.assign_sub(learn_rate * grad[1])
    model.w2.assign_sub(learn_rate * grad[2])
    model.b2.assign_sub(learn_rate * grad[3])

    if i % 20 == 0:
        print("epoch:%i, Train Loss:%f" % (i, Loss_train.numpy()))
        plot(PRED_train.numpy(), i, Loss_train.numpy())
```

程序运行结果如图 1-3-52 所示，模型训练完成后，预测值成功拟合数据，呈现出函数 $y = x^2$ 的图像。

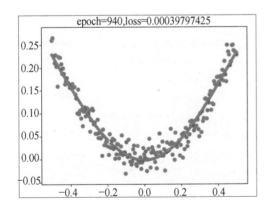 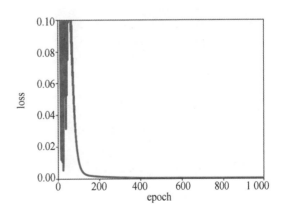

图 1-3-52　非线性回归问题运行结果

3.5 手写数字识别

3.5.1 全连接神经网络

1. 全连接神经网络结构

如图 1-3-53 所示，一个完整的神经网络包含输入层、隐藏层和输出层。输入层用于输入数据，隐藏层用于提取输入数据中的特征以及寻找相互间的关联，输出层用于输出预测结果。损失函数计算标准答案与模型输出之间的差值，然后使用总损失值求模型中权重和偏置的梯度并衰减权重和偏置的值。经过多次模型训练（参数调整），使实际值与预测值之间的误差降到比较小的值，从而可以实现对新数据的推理预测。

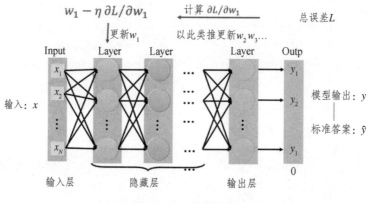

图 1-3-53　神经网络

搭建一个完整的神经网络主要包含两部分：前向传播和反向传播，如图 1-3-54 所示。前向传播由神经元组成的神经网络和激活函数构成，反向传播由损失函数和优化器（梯度下降，调整神经网络中权重和偏置的值）组成。在模型训练过程中需要使用前向传播计算输出数据的预测值，使用反向传播计算实际值与预测值之间的误差，并使用优化器调整模型参数。模型训练完成后，推理预测只使用前向传播。

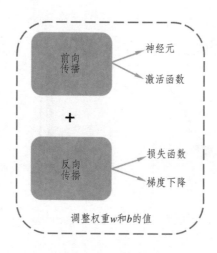

图 1-3-54　前向传播和反向传播

2. 全连接神经网络参数计算

通过堆叠 4 个全连接层，可以获得层数为 4 的神经网络，由于每层均为全连接层，称为全连接网络。其中第 1~3 个全连接层在网络中间，称之为隐藏层 1、2、3，最后一个全连接层的输出作为网络的输出，称为输出层。隐藏层 1、2、3 的输出节点数分别为[256,128,64]，输出层的输出节点数为 10，如图 1-3-55 所示。

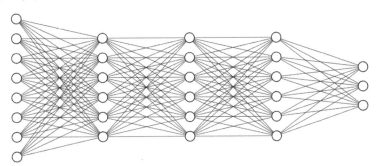

输入：[b,784]　　隐藏层1：[256]　　隐藏层2：[128]　　隐藏层3：[64]　　输出层：[b,10]

图 1-3-55　全连接神经网络

网络的参数量是衡量网络规模的重要指标。那么，怎么计算全连接层的参数量呢？考虑权值矩阵 W，偏置向量 b，输入特征长度为 d_{in}，输出特征长度为 d_{out} 的网络层，W 的参数量为 $d_{\text{in}} \times d_{\text{out}}$，再加上偏置 b 的参数:总参数量为 $d_{\text{in}} \times d_{\text{out}} + b$。对于多层的全连接神经网络，如 784 →256→128→64→10，总参数量的计算表达式为

$$256 \times 784 + 256 + 128 \times 256 + 128 + 64 \times 128 + 64 + 10 \times 64 + 10 = 24762$$

在设计全连接网络时，网络的结构配置等超参数可以按照经验法则自由设置，只需要遵循少量的约束即可。例如，隐藏层 1 的输入节点数需和数据的实际特征长度匹配，每层的输入层节点数与上一层输出节点数匹配，输出层的激活函数和节点数需要根据任务的具体设定进行设计。总的来说，神经网络模型的结构设计自由度较大，如图 1-3-55 中每层的输出节点数不一定要设计为[256,128,64,10]，可以自由搭配，如[256,256,64,10]或[512,64,32,10]等都是可行的。至于与哪一组超参数是最优的，这需要很多的领域经验知识和大量的实验尝试，或者可以通过 AutoML 技术搜索出较优设定。

3. 输出层设计

神经网络最后一层的设计，除了和所有的隐藏层一样，完成维度变换、特征提取的功能，还作为输出层使用，需要根据具体的任务场景来决定是否使用激活函数，以及使用什么类型的激活函数等。根据输出值的区间范围来说，常见的几种输出类型包括以下几种。

$o_i \in R^d$，输出属于整个实数空间，或者某段普通的实数空间，如函数值趋势的预测、年龄的预测问题等。

$o_i \in [0,1]$，输出值在[0,1]，如图片生成，图片像素值一般用[0,1]区间的值表示，或者二分类问题的概率，如硬币正反面的概率预测问题。可以使用 sigmoid 函数实现。

$o_i \in [0,1], \Sigma_i o_i = 1$，输出值落在[0,1]，并且所有输出值之和为 1，常见的如多分类问题，如 MNIST 手写数字图片识别,图片属于 10 个类别的概率之和应为 1。可以使用 softmax 函数实现。

$o_i \in [-1,1]$，输出值在[-1,1]。可以使用 tanh 函数实现。

3.5.2　one-hot 编码

1. 数字编码

机器学习需要从数据中间学习,因此首先需要采集大量的真实样本数据。如图 1-3-56 所示, 以手写的数字图片识别为例，需要收集大量 0~9 的数字图片。同时，需要给每一张图片标注一个标签（Label），它将作为图片的真实值 y，这个标签表明这张图片属于哪一个具体的类别，一般通过映射方式将类别名映射到从 0 开始编号的数字，例如硬币的正反面，可以用 0 来表示硬币的反面，用 1 来表示硬币的正面，当然也可以反过来 1 表示硬币的反面，0 表示硬币的正面，这种编码方式叫作数字编码（Number Encoding）。

对于手写数字图片识别问题,编码更为直观,用数字的 0~9 来表示类别名字为 0~9 的图片, 如图 1-3-56 所示。

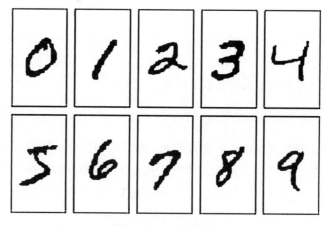

图 1-3-56　手写数字

2. one-hot 编码

对于输出标签 y，前面已经介绍了数字编码，它可以用一个数字来表示标签信息，此时输出只需要一个节点即可表示网络的预测类别值。但是数字编码一个最大的问题是，数字之间存在天然的大小关系，例如 1<2<3，如果 1、2、3 分别对应的标签是猫、狗、鱼，它们之间并没有大小关系，所以采用数字编码的时候会迫使模型去学习这种不必要的约束。那么，怎么去解决这个问题呢?

如图 1-3-57 所示，以图中的"猫狗鱼鸟"识别系统为例，所有的样本只属于"猫狗鱼鸟" 4 个类别中其一，将第 1~4 号索引位置分别表示猫、狗、鱼、鸟的类别。对于所有猫的图片，它的数字编码为 0，one-hot 编码为[1,0,0,0]；对于所有狗的图片，它的数字编码为 1，one-hot 编码为[0,1,0,0]，以此类推。one-hot 编码方式在分类问题中应用非常广泛。

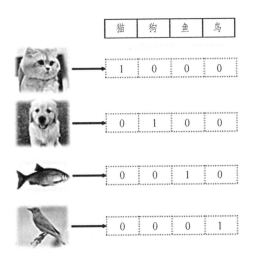

图 1-3-57 猫狗鱼鸟

3. 数字编码转化为 one-hot 编码的方法

one-hot 编码是非常稀疏的，相对于数字编码来说，占用较多的存储空间，所以一般在存储时还是采用数字编码。在计算时，根据需要来把数字编码转换成 one-hot 编码，通过 tf.one_hot 函数即可实现。

```
import tensorflow as tf

y = tf.constant([0, 1, 2, 3, 4])
print(y)
y = tf.one_hot(y, depth=10)
print(y)
```

运行结果如图 1-3-58 所示。

```
tf.Tensor([0 1 2 3 4], shape=(5,),
tf.Tensor(
[[1. 0. 0. 0. 0. 0. 0. 0. 0. 0.]
 [0. 1. 0. 0. 0. 0. 0. 0. 0. 0.]
 [0. 0. 1. 0. 0. 0. 0. 0. 0. 0.]
 [0. 0. 0. 1. 0. 0. 0. 0. 0. 0.]
 [0. 0. 0. 0. 1. 0. 0. 0. 0. 0.]],
```

图 1-3-58 tf.one_hot 函数

4. Softmax 与交叉熵损失函数

Softmax 函数不仅可以将输出值映射到[0,1]，还满足所有的输出值之和为 1 的特性。通过 Softmax 函数可以将输出层的输出转译为类别概率，在分类问题中使用非常频繁。数学公式如下：

$$S_i = \frac{e^i}{\sum_j e^j}$$

可使用 tf.nn.softmax 实现，代码如下：

```
import tensorflow as tf

x = tf.constant([3., 1., -3.])
y = tf.nn.softmax(x)

print('softmax_y:', y)
print('softmax_sum:', tf.reduce_sum(y))
```

5. 熵

信息量是对于单个事件来说的，但是实际情况一件事有很多种发生的可能，如掷骰子有可能出现 6 种情况，明天的天气可能晴、多云或者下雨等。熵是表示随机变量不确定的度量，是对所有可能发生的事件产生的信息量的期望，熵越大，代表不确定性越大，信息量也就越大。某个分布 $P(i)$ 的熵定义为

$$H(X) = -\sum_{i=1}^{n} p(x_i) \log\big(p(x_i)\big)$$

对于 4 分类问题，如果某个样本的真实标签是第 4 类，那么标签的 one-hot 编码为 [0,0,0,1]，即这张图片的分类是唯一且确定的，它属于第 4 类的概率 $P(i)=1$，不确定性为 0，它的熵可以计算为

$$-0 \cdot \log_2 0 - 0 \cdot \log_2 0 - 0 \cdot \log_2 0 - 1 \cdot \log_2 1 = 0$$

也就是说，对于确定的分布，熵为 0，不确定性最低。如果它预测的概率分布是 [0.1,0.1,0.1,0.7]，它的熵可以计算为

$$-0.1 \cdot \log_2 0.1 - 0.1 \cdot \log_2 0.1 - 0.1 \cdot \log_2 0.1 - 0.7 \cdot \log_2 0.7 \approx 1.356$$

考虑随机分类器，它每个类别的预测概率是均等的：[0.25,0.25,0.25,0.25]，同样的方法，可以计算它的熵约为 2，这种情况的不确定性略大于上面一种情况。由于 $P(i) \in [0,1]$，$\log 2 P(i) \leqslant 0$，因此熵 $H(P)$ 总是大于等于 0。当熵取得最小值 0 时，不确定性为 0。分类问题的 one-hot 编码的分布就是熵为 0 的典型例子。实际上，$H(P)$ 也可以使用其他底数的 log 函数计算。

相对熵又称 KL 散度，用于衡量对于同一个随机变量 x 的两个分布 $p(x)$ 和 $q(x)$ 之间的差异。在机器学习中，$p(x)$ 常用于描述样本的真实分布，例如 [1,0,0,0] 表示样本属于第一类，而 $q(x)$ 则常常用于表示预测的分布，例如 [0.7,0.1,0.1,0.1]。显然使用 $q(x)$ 来描述样本不如 $p(x)$ 准确，$q(x)$ 需要不断地学习来拟合准确的分布 $p(x)$。

KL 散度的公式如下：

$$D_{KL}\left(p \parallel q\right) = \sum_{i=1}^{n} p(x_i) \log\left(\frac{p(x_i)}{q(x_i)}\right)$$

KL 散度的值越小表示两个分布越接近。将 KL 散度的公式进行变形，可以得到

$$D_{KL}(p \parallel q) = \sum_{i=1}^{n} p(x_i) \log(p(x_i)) - \sum_{i=1}^{n} p(x_i) \log(q(x_i))$$

$$= -H(p(x)) + \left[-\sum_{i=1}^{n} p(x_i) \log(q(x_i))\right]$$

机器学习中，常常使用 KL 散度来评估 predict 和 label 之间的差别，但是由于 KL 散度的前半部分是一个常量，所以常常将后半部分的交叉熵作为损失函数，其实二者是一样的。

在 TensorFlow 中，可以通过 tf.nn.softmax 实现交叉熵损失函数计算。代码如下：

```python
import tensorflow as tf

x = tf.random.normal([2, 10])          # 构造网络输出
x = tf.nn.softmax(x)
print(x)
y_onehot = tf.constant([1, 3])         # 构造真实值
y_onehot = tf.one_hot(y_onehot, depth=10)
print(y_onehot)

loss = tf.losses.categorical_crossentropy(y_onehot, x)    # 计算交叉熵损失函数
print(loss)
loss = tf.reduce_mean(loss)            # 计算 batch 均方差
print(loss)
```

运行结果如图 1-3-59 所示。

```
tf.Tensor(
[[0.094441   0.03509644 0.13913257 0.05049558 0.13212103 0.0730441
  0.0649745  0.28616875 0.03060421 0.09392177]
 [0.05790238 0.04024951 0.13993347 0.04739952 0.21287283 0.11498062
  0.02289559 0.06209641 0.25872657 0.04294306]], shape=(2, 10), dtype=float32)
tf.Tensor([3.3496554 3.0491428], shape=(2,), dtype=float32)
tf.Tensor(3.199399, shape=(), dtype=float32)
```

图 1-3-59　交叉熵损失函数

3.5.3　手写数字识别实战

1. 数据集预处理

使用 tf.keras.datasets 读取 mnist 手写数字数据集，并对数据进行标准化处理，使用

tf.data.Dataset.from_tensor_slices 函数将训练集数据和标签对应，并拆分成每批次 100 组。

```
# 读取数据
(train_xs, train_ys), (test_xs, test_ys) = tf.keras.datasets.mnist.load_data()
print('train_datasets:', train_xs.shape, train_ys.shape)
# 数据标准化
train_xs = tf.convert_to_tensor(train_xs, dtype=tf.float32) / 255.
# 切分数据
train_db = tf.data.Dataset.from_tensor_slices((train_xs, train_ys)).batch(100)
```

2. 定义神经网络模型

搭建全连接神经网络，3 个隐藏层使用 ReLU 激活函数，输出层使用 softmax 函数。

```
class Model(object):
    def __init__(self):
        # 隐藏层 1
        self.w1 = tf.Variable(tf.random.truncated_normal([784, 256], stddev=0.1))
        self.b1 = tf.Variable(tf.zeros([256]))

        # 隐藏层 2
        self.w2 = tf.Variable(tf.random.truncated_normal([256, 128], stddev=0.1))
        self.b2 = tf.Variable(tf.zeros([128]))

        # 隐藏层 3
        self.w3 = tf.Variable(tf.random.truncated_normal([128, 64], stddev=0.1))
        self.b3 = tf.Variable(tf.zeros([64]))

        # 输出层
        self.w4 = tf.Variable(tf.random.truncated_normal([64, 10], stddev=0.1))
        self.b4 = tf.Variable(tf.zeros([10]))

    def __call__(self, inputs):
        # x: [b, 28*28]
        # 隐藏层 1 前向计算，[b, 28*28] => [b, 256]
        h1 = inputs @ self.w1 + self.b1
        h1 = tf.nn.relu(h1)

        # 隐藏层 2 前向计算，[b, 256] => [b, 128]
        h2 = h1 @ self.w2 + self.b2
        h2 = tf.nn.relu(h2)

        # 隐藏层 3 前向计算，[b, 128] => [b, 64]
        h3 = h2 @ self.w3 + self.b3
```

```
h3 = tf.nn.relu(h3)
# 输出层前向计算，[b, 64] => [b, 10]
h4 = h3 @ self.w4 + self.b4
h4 = tf.nn.softmax(h4)
return h4
```

3. 定义损失函数

使用 tf.losses.categorical_crossentropy 函数计算实际值与预测值的交叉熵并求平均，获取每个批次的损失值。

```
def compute_loss(y_true, y_pred):
    return tf.reduce_mean(tf.losses.categorical_crossentropy(y_true, y_pred))
```

4. 模型训练

学习率为 0.2，训练轮数为 5，将训练数据输入模型时要将数据展开为一维数组，计算损失时要将实际值转换为 one-hot 编码。

```
learn_rate = 0.2      # 学习率
epoch = 5             # 训练轮数
model = Model()       # 定义模型
loss_buf = []         # 存储每一个批次的损失值
for i in range(0, epoch):
    print("===============第{}轮===============".format(i + 1))
    for step, (x, y) in enumerate(train_db):
        with tf.GradientTape() as tape:
            x = tf.reshape(x, (-1, 28 * 28))    # [b, 28, 28] => [b, 784]
            y_pred = model(x)                   # 获取预测值
            y_onehot = tf.one_hot(y, depth=10)  # 将实际值转化为 one_hot 编码
            loss = compute_loss(y_onehot, y_pred) # 计算误差

        grad = tape.gradient(loss, [model.w1, model.b1, model.w2, model.b2,
                                    model.w3, model.b3, model.w4,model.b4])
        model.w1.assign_sub(learn_rate * grad[0])
        model.b1.assign_sub(learn_rate * grad[1])
        model.w2.assign_sub(learn_rate * grad[2])
        model.b2.assign_sub(learn_rate * grad[3])
        model.w3.assign_sub(learn_rate * grad[4])
        model.b3.assign_sub(learn_rate * grad[5])
        model.w4.assign_sub(learn_rate * grad[6])
        model.b4.assign_sub(learn_rate * grad[7])
```

```
correct_prediction = tf.equal(tf.argmax(y_pred, 1), tf.argmax(y_onehot, 1))
# 准确率，将布尔值转化为浮点数，并计算平均值
accuracy = tf.reduce_mean(tf.cast(correct_prediction, tf.float32))
if step % 10 == 0:
    print(step, 'loss:', float(loss), 'acc:', accuracy.numpy())
```

程序运行结果如图 1-3-60 所示。

```
510 loss: 0.003047969890758395 acc: 1.0
520 loss: 0.027528725564479828 acc: 1.0
530 loss: 0.029012544080615044 acc: 0.99
540 loss: 0.10924304276704788 acc: 0.97
550 loss: 0.012077923864126205 acc: 0.99
560 loss: 0.017231084406375885 acc: 1.0
570 loss: 0.01417635753750801 acc: 1.0
580 loss: 0.041929811239242554 acc: 0.98
590 loss: 0.0014988440088927746 acc: 1.0
```

图 1-3-60　手写数字识别运行结果

3.6　图像分类基础

图像分类是根据各自在图像信息中所反映的不同特征，把不同类别的目标区分开来的图像处理方法。它利用计算机对图像进行定量分析，把图像或图像中的每个像元或区域划归为若干个类别中的某一种，以代替人的视觉判读。

如图 1-3-61 所示，图像分类问题，就是已有固定的分类标签集合，然后对于输入的图像，从分类标签集合中找出一个分类标签，最后把分类标签分配给该输入图像。简单来说，就是给定一组各自被标记为单一类别的图像，对一组新的测试图像的类别进行预测，并测量预测的准确性结果。

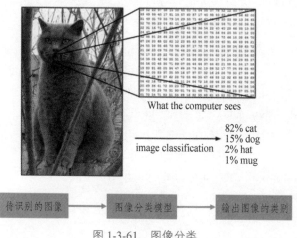

图 1-3-61　图像分类

1. 经典图像分类网络

经典的图像分类网络结构包括 Alex-Net、VGG、ResNet 等。

Alex-Net 网络：2012 年，Alex 等人提出的 AlexNet 网络在 ImageNet 大赛上以远超第二名的成绩夺冠。AlexNet 是在 LeNet 的基础上加深了网络的结构，学习更丰富、更高维的图像特征。Alex-Net 网络结构共有 8 层，前面 5 层是卷积层，后面 3 层是全连接层，最后一个全连接层的输出传递给一个 1 000 路的 softmax 层，对应 1 000 个类标签的分布，如图 1-3-62 所示。

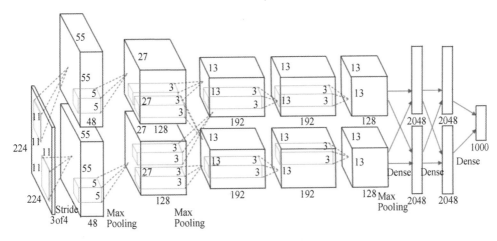

图 1-3-62　Alex-Net 网络结构

VGG 网络：VGG-Net 探索了卷积神经网络的深度与其性能之间的关系，成功地构筑了 16~19 层深的卷积神经网络，VGG-Net 证明了增加网络的深度能够在一定程度上影响网络最终的性能，使错误率大幅下降，同时拓展性又很强，迁移到其他图片数据上的泛化性也非常好。VGG 由 5 层卷积层、3 层全连接层、softmax 输出层构成，层与层之间使用 max-pooling（最大化池）分开，所有隐藏层的激活单元都采用 ReLU 函数，如图 1-3-63 所示。

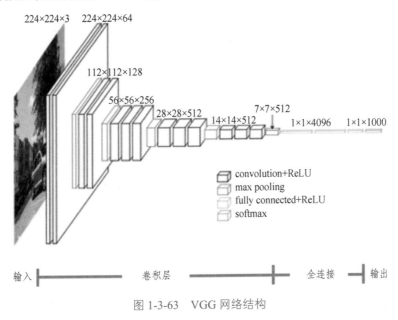

图 1-3-63　VGG 网络结构

ResNet（Residual Neural Network）：该结构可以极快地加速神经网络的训练，模型的准确率也有比较大的提升。ResNet 引入了残差网络结构（Residual Network），通过这种残差网络结构，可以把网络层堆叠得很深，并且最终的分类效果也非常好。

2. 迁移学习

迁移学习（Transfer Learning），顾名思义就是把已训练好的模型参数迁移到新的模型来帮助新模型训练。考虑到大部分数据或任务是存在相关性的，所以通过迁移学习可以将已经学到的模型参数（也可理解为模型学到的知识）通过某种方式来分享给新模型从而加快并优化模型的学习效率，不用像大多数网络那样从零学习。

迁移学习就是将某个领域或任务上学习到的知识或模式应用到不同但相关的领域或问题中。如图 1-3-64 所示，生活中有很多迁移学习，如学会骑自行车，就比较容易学摩托车，学会了 C 语言，再学一些其他编程语言会简单很多。

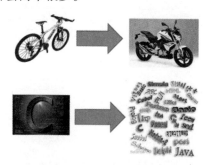

图 1-3-64　迁移学习示例

在计算机视觉领域，迁移学习常见的策略是采用在 ImageNet 上预训练好的模型，然后通过微调整个模型的结构来适应新的任务。

迁移学习是机器学习领域的一个重要分支。因此，其应用并不局限于特定的领域。凡是满足迁移学习问题情景的应用，迁移学习都可以发挥作用。如图 1-3-65 所示，迁移学习应用场景包括但不限于计算机视觉、文本分类、行为识别、自然语言处理、室内定位、视频监控、人机交互等。

图 1-3-65　迁移学习应用场景

3. TensorFlow Lite

利用 TensorFlow Lite 可以实现在移动设备、嵌入式设备和 IoT 设备上运行 TensorFlow 模型。它支持设备端机器学习推断，延迟较低，并且二进制文件很小。TensorFlow Lite 赋予了移动和嵌入式设备在嵌入式端运行机器学习模型的能力，从而不再需要向云端服务器发送数据。这样一来，不但节省了网络流量，减少了时间开销，而且还充分帮助用户保护自己的隐私和敏感信息。

TensorFlow Lite 包括 TensorFlow Lite 解释器和 TensorFlow Lite 转换器两个主要组件。

TensorFlow Lite 解释器：可在手机、嵌入式 Linux 设备和微控制器等很多不同类型的硬件上运行经过专门优化的模型。

TensorFlow Lite 转换器：可将 TensorFlow 模型转换为高效形式以供解释器使用，并可引入优化以减小二进制文件的大小和提高性能。

TensorFlow Lite 开发基本流程包括选择模型、转换模型、部署模型和优化模型，如图 1-3-66 所示。第一步，选择模型，选择新模型或重新训练现有模型；第二步，转换模型，使用 TensorFlow Lite Converter 将 TensorFlow 模型转换为压缩平面缓冲区；第三步，模型部署，获取压缩的.tflite 文件，并将其加载到移动设备或嵌入式设备中；第四步，优化模型，通过将 32 位浮点数转换为更高效的 8 位整数进行量化，或者在 GPU 上运行。

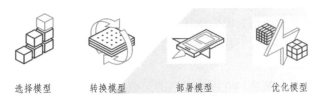

选择模型　　转换模型　　部署模型　　优化模型

图 1-3-66　TensorFlow Lite 开发工作流程

4. 目标检测

目标检测（Object Detection）的任务是找出图像中所有感兴趣的目标（物体），确定它们的类别和位置，是计算机视觉领域的核心问题之一。对于人类来说，目标检测是一个非常简单的任务。然而，计算机能够"看到"的是图像被编码之后的数字，很难理解图像或是视频中出现了人或是物体这样的高层语义概念，也就更加难以定位目标出现在图像中哪个区域。与此同时，由于目标会出现在图像或是视频中的任何位置，目标的形态千变万化，图像或是视频的背景千差万别，诸多因素都使得目标检测对计算机来说是一个具有挑战性的问题。

如图 1-3-67 所示，在图像分类和目标检测任务中，识别图像中的目标这一任务，通常会涉及为各个对象输出边界框和标签。这不同于分类/定位任务，需要对很多对象进行分类和定位，而不仅仅是对主体对象进行分类和定位。

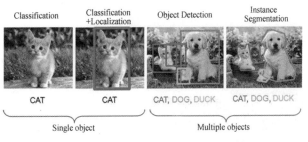

图 1-3-67　分类与目标检测任务示例

如图 1-3-68 所示，简单来说，物体检测就是要让计算机不仅能够识别出输入图像中的目标物体，还要能够给出目标物体在图像中的位置。

图 1-3-68　目标检测

由于各类物体有不同的外观、形状和姿态，加上成像时光照、遮挡等因素的干扰，目标检测一直是计算机视觉领域最具有挑战性的问题之一。

计算机视觉中关于图像识别有四大类任务。

（1）分类（Classification）：解决"是什么？"的问题，即给定一张图片或一段视频判断里面包含什么类别的目标。

（2）定位（Location）：解决"在哪里？"的问题，即定位出这个目标的位置。

（3）检测（Detection）：解决"在哪里？是什么？"的问题，即定位出这个目标的位置并且知道目标物是什么。

（4）分割（Segmentation）：分为实例的分割（Instance-level）和场景分割（Scene-level），解决"每一个像素属于哪个目标物或场景？"的问题。

所以，目标检测是一个分类、回归问题的叠加。

目标检测主要解决以下几个核心问题：

（1）分类问题：即图片（或某个区域）中的图像属于哪个类别。

（2）定位问题：目标可能出现在图像的任何位置。

（3）大小问题：目标有各种不同的大小。

（4）形状问题：目标可能有各种不同的形状。

基于深度学习的目标检测算法主要分为两类：Two Stage 和 One Stage。

（1）Tow Stage：先进行区域生成，该区域称之为 Region Proposal（简称 RP，一个有可能包含待检物体的预选框），再通过卷积神经网络进行样本分类。

任务流程：特征提取→生成 RP→分类/定位回归。

常见 tow stage 目标检测算法有 R-CNN、SPP-Net、Fast R-CNN、Faster R-CNN 和 R-FCN 等。

（2）One Stage：不用 RP，直接在网络中提取特征来预测物体分类和位置。

任务流程：特征提取→分类/定位回归。

常见的 one stage 目标检测算法有 OverFeat、YOLOv1、YOLOv2、YOLOv3、SSD 和 RetinaNet 等。

目标检测常应用于人脸检测、行人检测、车辆检测、遥感检测等。

本次目标检测任务使用 Yolo 算法实现，Yolo 算法采用一个单独的 CNN 模型实现 end-to-end 的目标检测。首先，将输入图片 resize 到 448×448；然后，送入 CNN 网络；最后，处理网络预测结果得到检测的目标。相比 R-CNN 算法，它是一个统一的框架，速度更快，而且 Yolo 的训练过程也是 end-to-end 的。

具体来说，Yolo 的 CNN 网络将输入的图片分割成 $S \times S$ 网格，然后每个单元格负责去检测那些中心点落在该格子内的目标，如图 1-3-69 所示。

图 1-3-69　网格划分

可以看到，图片中狗这个目标的中心落在左下角一个单元格内，那么该单元格负责预测这个狗。每个单元格会预测 B 个边界框（Bounding Box）以及边界框的置信度（Confidence Score）。置信度其实包含两个方面，一是这个边界框含有目标的可能性大小，二是这个边界框的准确度。前者记为 Pr(object)，当该边界框是背景时（即不包含目标），此时 Pr(object)=0。而当该边界框包含目标时，Pr(object)=1。边界框的准确度可以用预测框与实际框（Ground Truth）的 IOU（Intersection Over Union，交并比）来表征。因此，置信度可以定义为 Pr(object) × IOU。很多人可能将 Yolo 的置信度看成边界框是否含有目标的概率，但是其实它是两个因子的乘积，预测框的准确度也反映在里面。边界框的大小与位置可以用 4 个值来表征：(x,y,w,h)，其中(x,y)是边界框的中心坐标，而 w 和 h 是边界框的宽与高。还有一点要注意，中心坐标的预测值(x,y)是相对于每个单元格左上角坐标点的偏移值，并且单位是相对于单元格大小的。而边界框的 w 和 h 预测值是相对于整个图片的宽与高的比例，这样理论上 4 个元素的大小应该在[0,1]。这样，每个边界框的预测值实际上包含 5 个元素：(x,y,w,h,c)，其中前 4 个表征边界框的大小与位置，而最后一个值是置信度。

实现 Yolo 目标检测步骤如下：

（1）调用摄像头：采用 OpenCV 调用本地摄像头并显示，调用函数 cv2.VideoCapture()，输入本地摄像头 ID。

```
import cv2
cap = cv2.VideoCapture(0)    # 输入摄像头 ID
while True:
    ret, origin_img = cap.read()
```

```
cv2.imshow("yolox_nano", origin_img)
cv2.waitKey(5)
```

（2）模型加载：本次采用已训练好的 yolox_nano.onnx 模型，进行目标检测任务实现。ONNX 是一种针对机器学习所设计的开放式的文件格式，用于存储训练好的模型。

```
session = onnxruntime.InferenceSession(args.model)
```

（3）模型推理：

```
ort_inputs = {session.get_inputs()[0].name: img[None, :, :, :]}
output = session.run(None, ort_inputs)
```

（4）根据模型推理结果进行绘制，将检测结果绘制到图像上。完整代码如下：

```
import argparse
import cv2
import numpy as np
import onnxruntime
import time
from demo_utils import preproc,multiclass_nms,\
    VOC_CLASSES,demo_postprocess
from visualize import vis


def make_parser():
    parser = argparse.ArgumentParser("onnxruntime inference sample")
    parser.add_argument(
        "-m",
        "--model",
        type=str,
        default="./models/yolox_nano.onnx",
        # default="yolox_hand_nano.onnx",
        help="Input your onnx model.",
    )
    parser.add_argument(
        "-i",
        "--image_path",
        type=str,
        default='dog.jpg',
        help="Path to your input image.",
    )
    parser.add_argument(
        "-o",
```

```
        "--output_dir",
        type=str,
        default='demo_output',
        help="Path to your output directory.",
    )
    parser.add_argument(
        "-s",
        "--score_thr",
        type=float,
        default=0.5,
        help="Score threshould to filter the result.",
    )
    parser.add_argument(
        "--input_shape",
        type=str,
        default="416, 416",
        help="Specify an input shape for inference.",
    )
    parser.add_argument(
        "--with_p6",
        action="store_true",
        help="Whether your model uses p6 in FPN/PAN.",
    )
    return parser


if __name__ == '__main__':
    args = make_parser().parse_args()

    input_shape = tuple(map(int, args.input_shape.split(',')))
    origin_img = cv2.imread(args.image_path)
    url = 'http://admin:admin@192.168.12.127:8081/'

    cap = cv2.VideoCapture(url)
    session = onnxruntime.InferenceSession(args.model)

    while True:
        ret, origin_img = cap.read()

        img, ratio = preproc(origin_img, input_shape)

        ort_inputs = {session.get_inputs()[0].name: img[None, :, :, :]}
```

```
s = time.time()
output = session.run(None, ort_inputs)
print('onnx Infer:{} ms.'.format((time.time() - s) * 1000))

predictions = demo_postprocess(output[0], input_shape, p6=args.with_p6)[0]

boxes = predictions[:, :4]
scores = predictions[:, 4:5] * predictions[:, 5:]

boxes_xyxy = np.ones_like(boxes)
boxes_xyxy[:, 0] = boxes[:, 0] - boxes[:, 2]/2.
boxes_xyxy[:, 1] = boxes[:, 1] - boxes[:, 3]/2.
boxes_xyxy[:, 2] = boxes[:, 0] + boxes[:, 2]/2.
boxes_xyxy[:, 3] = boxes[:, 1] + boxes[:, 3]/2.
boxes_xyxy /= ratio
dets = multiclass_nms(boxes_xyxy, scores, nms_thr=0.45, score_thr=0.1)
if dets is not None:
    final_boxes, final_scores, final_cls_inds = dets[:, :4], dets[:, 4], dets[:, 5]
    origin_img = vis(origin_img, final_boxes, final_scores, final_cls_inds,
                     conf=args.score_thr, class_names=VOC_CLASSES)
cv2.imshow("yolox_nano", origin_img)
cv2.waitKey(5)
```

本次模型可以实现人、自行车、小汽车、摩托车、飞机等 79 种常见的物体的检测。

连接上平板式计算机后，打开终端设备，进入 Jetson Nano 开发板系统桌面，右键打开终端，进入目标检测案例文件：

cd 04 综合案例/08 目标检测（基于设备摄像头）

运行目标检测案例程序。

python run.py

等待程序启动后，连接上云台摄像头，实现实时目标检测，如图 1-3-70 所示。

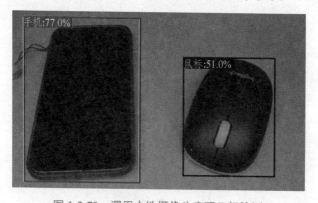

图 1-3-70   调用本地摄像头实现目标检测

应用篇

项目一 智能农作物监测系统

【项目分析】

通过现场设备实现植被的生产全流程环境监控，依据专业系统进行生产管理分析，实现对各个生产设备进行精准、高效的智能化管理。同时，记录各个环节的历史数据，为农作物的生长研究提供各种数据支撑和技术支撑。

任务一 农作物识别模型训练

在本项目中需要使用 AI 识别农作物的生长检测，这里采用的是 EasyDL 的在线识别与训练。

首先，进入 EasyDL 官网(https://ai.baidu.com/easydl/)，登录或注册百度智能云账户，如图 2-1-1 所示。

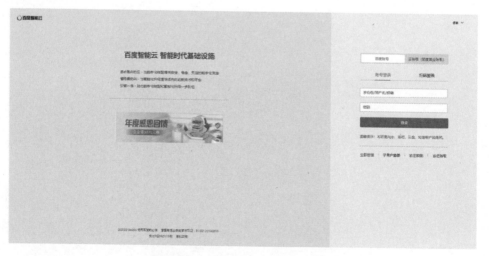

图 2-1-1　EasyDL 智能云登入界面

在 EasyDL（见图 2-1-2）的首页中，点击立即使用，选择物体检测，如图 2-1-3 所示。在这个任务中检测农作物的生长周期需要让程序去识别摄像头图像中农作物的信息，所以最好的识别方法就是通过模型训练，根据训练的成果，使程序可以识别出摄像头图像中农作物的生长周期。

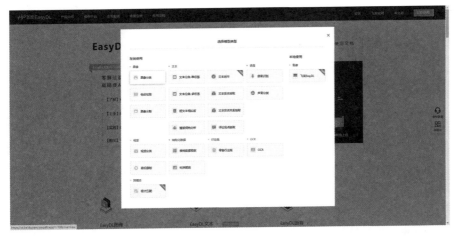

图 2-1-2　模型选择

图 2-1-3　物体检测

点击创建模型，由于需要检测农作物生长，需要创建检测农作物生长的模型，并根据网站内容填写相应的信息，如图 2-1-4 所示。

图 2-1-4　创建模型

在数据总览中创建新的数据集，命名为"生长检测"，点击"完成"，如图 2-1-5 所示。

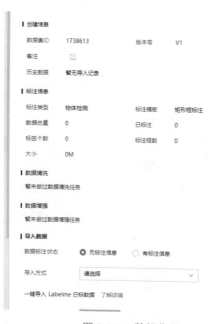

图 2-1-5　创建数据集

点击完成后会发现在数据总览中出现了如图 2-1-6 所示的数据集信息，在这个数据集里增加随机性的图片实现模型的识别训练。

版本	数据集ID	数据量	最近导入状态	标注类型	标注状态	清洗状态	操作
V1 ⊖	1738613	0	● 已完成	物体检测	0% (0/0)	-	多人标注　导入　删除　共享

图 2-1-6　生长周期数据集

点击"导入"，此时进入一个新的界面。在图 2-1-7 中导入数据的下方选择导入图片，将训练的样本加载到数据集中，点击"保存"。

创建信息

数据集ID	1738613	版本号	V1
备注	☑		
历史数据	暂无导入记录		

标注信息

标注类型	物体检测	标注模板	矩形框标注
数据总量	0	已标注	0
标签个数	0	标注框数	0
大小	0M		

数据清洗

暂未做过数据清洗任务

数据增强

暂未做过数据增强任务

导入数据

数据标注状态	● 无标注信息	○ 有标注信息
导入方式	请选择 ▽	

一键导入 LabelMe 已标数据　了解详情

图 2-1-7　数据集导入

导入完成后，数据集中会显示样本的数量及标注信息。点击"查看与标注"便可以对模型进行训练，如图 2-1-8 所示。

图 2-1-8 样本数据导入

任务二 农作物生长状况监测任务

农作物中存在 3 个生长周期，即幼苗期、生长期和成熟期，所以在训练时需要创建对应的标签，如图 2-1-9 所示。

图 2-1-9 设置标签

创建好后在数据标注中，根据自己的判断选出符合生长周期的农作物，如图 2-1-10 所示。

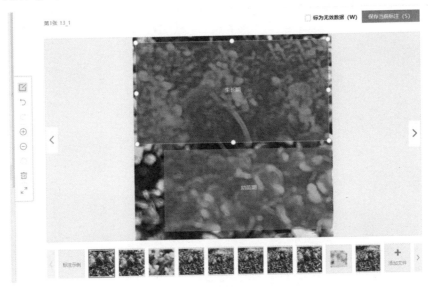

图 2-1-10 数据标注

数据标注完成后，在训练模型中进行部署训练，如图 2-1-11 所示。

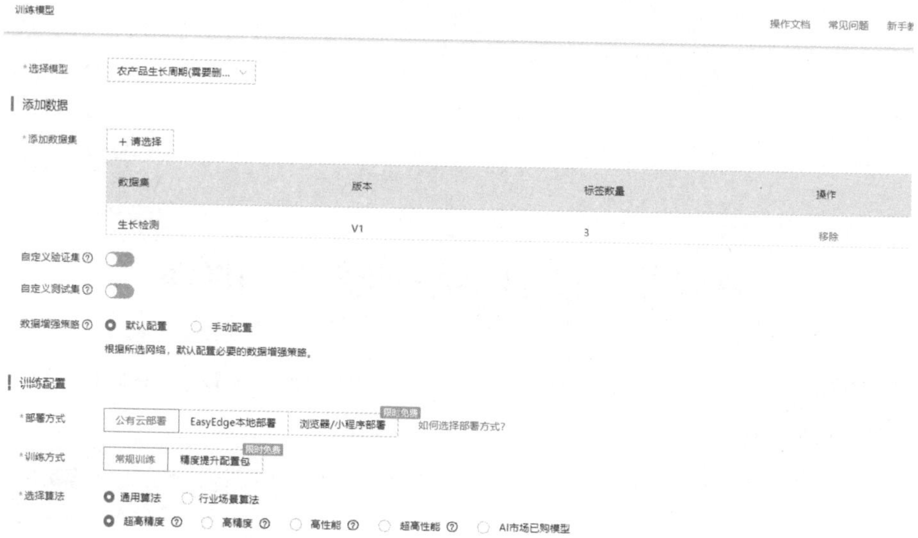

图 2-1-11　训练模型

当出现图 2-1-12 所示数据信息时（需要先进行发布，审核通过后就可以通过控制台显示调用模型信息），证明模型训练完成，可以进行调用识别。

部署方式	版本	训练状态	训练时长	服务状态	模型效果	操作
公有云API	V1	训练完成	0.46小时	已发布	mAP: 67.59% ⑦ 精确率: 90.91% ⑦ 召回率: 47.62% ⑦ 完整评估结果	查看版本配置　服务详情　校验 体验H5 ⑦

图 2-1-12　完成训练

在百度智能云控制台的应用列表中，根据提示创建新的应用，创建完成后可以根据对应的开发文档调用训练好的模型数据。

项目 **二** 智能安防监控系统

【项目分析】

人脸检测通常使用 OpenCV 库，它提供了 Haar 特征级联分类器或深度学习模型（如 MTCNN）来检测图像中的人脸。

示例代码（使用 OpenCV 的 Haar 分类器）：

```
import cv2
# 加载 Haar 级联分类器
face_cascade = cv2.CascadeClassifier('haarcascade_frontalface_default.xml')
# 读取图像
img = cv2.imread('path_.jpg')
# 转为灰度图像
gray = cv2.cvtColor(img, cv2.COLOR_BGR2GRAY)
# 进行人脸检测
faces = face_cascade.detectMultiScale(gray, 1.3, 5)
# 在图像上标出人脸区域
for (x, y, w, h) in faces:
    cv2.rectangle(img, (x, y), (x+w, y+h), (255, 0, 0), 2)
# 显示结果
cv2.imshow('img', img)
cv2.waitKey()
```

使用 OpenCV 的 Haar 分类器仅能检测出图像中的人脸，但不能分辨人脸特征。

而人脸特征关键点的集合包含关键点的位置信息（见图 2-2-1），而这个位置信息一般可以用两种形式表示，第一种是关键点的位置相对于整张图像，第二种是关键点的位置相对于人脸框（标识出人脸在整个图像中的位置）。通常把第一种形状称作绝对形状，它的取值一般介于 0 到 w/h（宽或高），第二种形状称作相对形状，它的取值一般介于 0 到 1。这两种形状可以通过人脸框来做转换。

在 face_recognition 识别中，需要用到 KNN（K-Nearest Neighbor）分类器，KNN 通过测量不同特征值之间的距离进行分类。它的思路是：如果一个样本在特征空间中 K 个最相似（即特征空间中最邻近）的样本中的大多数属于某一个类别，则该样本也属于这个类别，其中 K 通常是不大于 20 的整数。KNN 算法中，所选择的邻居都是已经正确分类的对象。该方法在定类决策上只依据最邻近的一个或者几个样本的类别来决定待分样本所属的类别。

图 2-2-1　人脸识别关键点特征

如图 2-2-2 所示，基于深度学习的人脸识别流程主要包括人脸预处理（检测、对齐、标准化、数据增强等）、特征学习、特征比对等步骤。这里主要描述人脸识别模型部署功能实现。

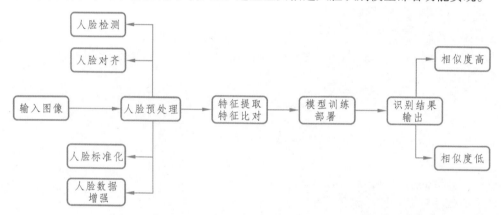

图 2-2-2　人脸识别模型流程图

1. 人脸预处理

基于深度学习的人脸识别方法预处理流程如图 2-2-3 所示，通常包括人脸检测、关键点检测、人脸姿态及灰度标准化、人脸数据裁剪及增强等步骤。

（a）原图　　　（b）人脸检测　　　（c）关键点检测　　　（d）人脸矫正　　　（e）裁剪

图 2-2-3　人脸预处理流程

人脸检测：检测出人脸图像中人脸的具体位置，通常用矩形框框出人脸。人脸检测技术是人脸识别不可或缺的重要环节。

人脸对齐：检测出人脸在图像中的位置后需要进行人脸对齐操作，人脸对齐是指检测人脸特征点，如眉眼、鼻子、嘴角以及其他轮廓点。人脸对齐方法可分为生成式方法和判别式方法。生成式方法根据形状和外观构建人脸生成模型；判别式方法通常学习独立的局部检测器或回归器来定位每个面部关键点。人脸对齐的难点在于人脸尺度、光照、遮挡、姿态、复杂表情等带来的影响。

人脸标准化：为了算法的稳定性，一般会对图像进行一些数值标准化的处理，对不同光强、不同光源方向下得到的人脸图像进行补偿，以减弱由于光照变化造成的图像信号变化。

人脸数据增强：数据增强是基于深度学习的人脸识别方法常用的预处理步骤，目的是增加数据量。需要说明的是，基于深度学习的人脸识别模型在训练阶段使用数据增强，而测试阶段则不使用。数据增强的方式多种多样，常见的方法是随机裁剪和镜像翻转。随机裁剪将图片随机裁剪成不同的图像块，镜像翻转指水平镜像翻转图片，全部翻转或以一定的概率翻转。

2. 人脸图像深度特征学习

深度卷积神经网络的网络结构和损失函数是影响人脸深度特征学习及识别性能的两个关键因素。2012 年，Hinton 和其学生 Krizhevsky 首次将深度卷积神经网络成功应用于解决计算机视觉领域的关键问题，之后 VGGNet、GoogLeNet、ResNet 这三类网络相继被提出，并成功被应用于物体识别和人脸识别。在经典的多分类损失函数 Softmax loss 基础上，损失函数的设计问题受到广泛关注，通过引入分类间隔及度量学习等机制使得人脸深度特征学习具有强的判别性，人脸识别的性能不断得到提高。

深度学习的最大优势在于由训练算法自行调整参数权重，构造出一个准确率较高的 $f(x)$ 函数，给定一张照片则可以获取到特征值，进而再归类。它有 3 个关键指标。

检测率：存在人脸并且被检测出的图像在所有存在人脸图像中的比例。

漏检率：存在人脸但是没有检测出的图像在所有存在人脸图像中的比例。

误检率：不存在人脸但是检测出存在人脸的图像在所有不存在人脸图像中的比例。

通常使用多个数值组成的向量表示特征值，向量的维度即其中的数值个数。特征向量的维度并非越大越好。

3. 人脸识别模型部署与测试

加载 ONNX 模型实现人脸检测。

```python
class OnnxRun:
    def __init__(self, model_name="face_detect", model_path=POSENET_MODEL):
        self.model_name = model_name
        self.ort_session = ort.InferenceSession(model_path)
        self.input_name = self.ort_session.get_inputs()[0].name
        input = self.ort_session.get_inputs()
        output = self.ort_session.get_outputs()
        print(self.model_name + "_input_shape", input[0])
        for shape in output:
```

```
            print(self.model_name + "_output_shape", shape)
        print("outpput", len(output))
    def inference(self, img):
        input_data = img
        return self.ort_session.run(None, {self.input_name: input_data})
```

模型加载完成，对获取的数据进行模型推理，再对人脸图像的 ROI 区域进行特征提取。

```
    def inference(self, img):
    input_data = self.imgPreprocessing(img)
        net_outs = self.onnx_run.inference(input_data)
    bboxes, kpss = getFaceBoxs(img, net_outs, input_size=ai_cfg.INPUT_SIZE)
        face_names = []
        for bbox in bboxes:
            x1, y1, x2, y2, _ = bbox
            try:
                face_roi = img[int(y1):int(y2), int(x1):int(x2)]    #
                face_names.append(self.face_rec.face_discern(face_roi))
            except:
                pass
        self.predictions = [bboxes, kpss, face_names]
        return self.predictions
```

人脸识别模型推理完成，对识别到的图像进行人脸框选和实时目标检测。

```
    def recImgDis(img, predictions):
        face_names = []
        if predictions:
            bboxes, kpss, face_names = predictions
            for i, bbox in enumerate(bboxes):
                x, y, w, h, trk_id = bbox
                cv2.rectangle(img, (int(x), int(y)), (int(w), int(h)), (255, 255, 0), 2)
                cv2.putText(img, face_names[i][0], (int(x), int(y)), cv2.FONT_HERSHEY_
SIMPLEX,
                            1, (0, 0, 255), 2, cv2.LINE_AA)
                for kp in kpss[i]:
                    kp = kp.astype(np.int16)
                    cv2.circle(img, tuple(kp), 1, (0, 0, 255), 2)
        return img, face_names
```

图 2-2-4 所示为人脸识别模型测试输出结果。

```
face_detect_input_shape NodeArg(name='input.1', type='tensor(float)', shape=[1, 3, 160, 160])
face_detect_output_shape NodeArg(name='443', type='tensor(float)', shape=[800, 1])
face_detect_output_shape NodeArg(name='468', type='tensor(float)', shape=[200, 1])
face_detect_output_shape NodeArg(name='493', type='tensor(float)', shape=[50, 1])
face_detect_output_shape NodeArg(name='446', type='tensor(float)', shape=[800, 4])
face_detect_output_shape NodeArg(name='471', type='tensor(float)', shape=[200, 4])
face_detect_output_shape NodeArg(name='496', type='tensor(float)', shape=[50, 4])
face_detect_output_shape NodeArg(name='449', type='tensor(float)', shape=[800, 10])
face_detect_output_shape NodeArg(name='474', type='tensor(float)', shape=[200, 10])
face_detect_output_shape NodeArg(name='499', type='tensor(float)', shape=[50, 10])
outpput 9
```

图 2-2-4　模型测试

任务一　智能安防监控系统构建

智能门锁是指在传统机械锁的基础上改进的，在用户安全性、识别性、管理性方面更加智能化、简便化的锁具。智能门锁是门禁系统中锁门的执行部件。

当人去开锁时，摄像头会自动去识别人的面部图像，并将读取到的图像传输给人脸识别模型进行图片比对分析，通过 WiFi 通信功能，将识别结果信息发送给智能节电核心控制板，智能节电核心控制板将信息进行判断处理，如果相似度高，则通过串口向智能门锁执行器发送开锁指令；如果相似度低，则通过串口向智能门锁执行器发送报警指令。人脸识别门禁开锁流程如图 2-2-5 所示。

图 2-2-5　人脸识别门禁开锁流程

在人脸识别中，设置人脸库存放路径和人脸标签存放路径，对比单个人脸库，获取人脸库特征。

```
class FaceRecon:
    face_encodes = None
    face_name = FACE_NAME
    def __init__(self, face_path=FACE_LIBRARY_PATH, face_name_path=FACE_NAME_
PATH):
        self.face_path = face_path
        self.face_name_path = face_name_path
```

```
            threading.Thread(target=self.face_feature, args=()).start()
        def __get_face_feature__(self, face_path):
            face_encodes = []
            face_name = os.listdir(face_path)
            for i in face_name:
                # print("face_name", face_path + i)
                image = face_recognition.load_image_file(face_path + i)
                face_encoding = face_recognition.face_encodings(image)[0]
                face_encodes.append(face_encoding)
            return face_encodes
        def __one_face_discern__(self, img, face_encode, img_face_encode, toler=0.39):
            face_flag = False
            for face_encoding in img_face_encode:
                matches = face_recognition.compare_faces(face_encode, face_encoding, tolerance=
toler)

                if True in matches:
                    face_flag = True
                    # print("matches", matches)
                    # first_match_index = matches.index(True)
                    # if len(first_match_index) >= 2:
                    #       face_flag = True
            return face_flag
        def face_feature(self):
            face_encodes = []
            face_file_path = os.listdir(self.face_path)
            for file_name in face_file_path:
                face_file_name = "{}{}/".format(self.face_path, file_name)
                print(face_file_name)
                face_encode = self.__get_face_feature__(face_file_name)
                face_encodes.append((file_name, face_encode))
            # print(len(face_encodes), face_encodes)
            FaceRecon.face_encodes = face_encodes
```

保存人脸图片，在人脸录入时进行使用，调用摄像头，进行人脸识别与人脸录入功能。

```
    def save_face(self, id, img_name, img):
        file_name = "{}{}/{}.jpg".format(self.face_path, id, img_name)
        if not os.path.exists(self.face_path + id):
            os.makedirs(self.face_path + id)
            self.face_name.append(img_name[:-2])
```

```
                f = open(self.face_name_path, "w")
                f.write("FACE_NAME = " + str(self.face_name))
                print("face_name:", self.face_name)
        cv2.imwrite(file_name, img)
    def face_discern(self, img):
        face_name = "Unknown"
        rgb_small_frame = img[::, ::, ::-1]
        img_face_encode = face_recognition.face_encodings(rgb_small_frame)
        if FaceRecon.face_encodes is None:
            return face_name, 0
        _index = 0
        for index, face_encode in FaceRecon.face_encodes:
            face_flag = self.__one_face_discern__(img, face_encode, img_face_encode)
            if face_flag:
                face_name = FaceRecon.face_name[int(index) - 1]
                _index = index
                break
        return face_name, int(_index) - 1
def main():
    import time
    face_recon = FaceRecon()
    cap = cv2.VideoCapture(0)
    while True:
        _, frame = cap.read()
        frame = cv2.resize(frame, (240, 150))
        s = time.time()
        print(face_recon.face_discern(frame))
        print("time:", (time.time()-s) * 1000)
        cv2.imshow("img", frame)
        face_recon.save_face("06", "test_0", frame)
        cv2.waitKey(1)
```

任务二　智能安防监控系统功能实现

系统开发采用 Python 多进程实现图像获取、图像识别、嵌入式系统数据交互、结果可视化等任务。

```
q_flask = mp.Manager().Queue(1)    # 传递识别结果到网页
q_img = mp.Manager().Queue(1)      # 获取摄像头图像
```

```
q_rec = mp.Manager().Queue(1)        # 识别结果
full_dict = mp.Manager().dict()    # 全局数据共享
q_send = mp.Manager().Queue(2)     # 发送控制指令消息队列
mapOpenPlugin = dict()
mapClosePlugin = dict()
full_dict[config.FACE_NAMES] = 0
mapOpenPlugin[TaskType.IMAGE_GET_TASK] = (imgGetPluginRegist,        # 人脸图像
获取插件

                                    (q_flask, q_img, q_rec, q_send, full_dict))
mapOpenPlugin[TaskType.IMAGE_REC_TASK] = (imgRecPluginRegist,        # 人脸图像
识别插件

                                        (q_img, q_rec))
mapOpenPlugin[TaskType.FLASK_TASK] = (flaskPluginRegist,        # 网页端 GUI
界面插件

                                    (htop, port, q_flask, full_dict))
mapOpenPlugin[TaskType.EMBD_READ_SEND] = (emdPluginRegist,
                                    (q_send, full_dict))        # 嵌入式系统
数据交互插件
for plugin in mapOpenPlugin:
    log.info(str(plugin) + "启动成功~")
    taskFunc, taskArgs = mapOpenPlugin[plugin]
    taskFunc(*taskArgs)    # 提交任务
    workFlow.busStart()
```

在嵌入式 AI 端侧推理平台中部署人脸识别模型，实现检测人脸智能开锁功能。当检测识别到的人脸信息是录入的人脸时，门锁会自动打开；当人脸识别检测到不是录入的人脸信息时，则会立即下发数据给底层，控制智能节点核心控制板发出报警声。

项目 三 智慧零售自助结算系统

【项目分析】

首先，介绍图像分类算法基本原理及果蔬图像识别模型部署；然后，构建嵌入式智慧称重系统，实现对果蔬称重功能；最后，构建 Web 显示界面，对果蔬识别及称重系统结果进行可视化分析。学生需要掌握以下知识：一是学习神经网络数学模型基本概念；二是了解图像分类算法基本实现原理；三是了解果蔬图像识别模型部署及应用过程；四是掌握利用果蔬识别算法及嵌入式智能电子秤系统构建实现超市智慧零售自助结算系统（以下简称"智慧零售系统"）。

智慧零售系统是运用人工智能、互联网、物联网技术，为消费者提供智能化、多样化、个性化的产品和服务。智慧零售发展在于三大方面，一是要拥抱时代技术，创新零售业态，变革流通渠道；二是要从直接面向消费者销售产品和服务商业零售模式（Business-to-Consumer，B2C）转向消费者到企业模式（Customer to Business，C2B），实现人工智能牵引零售；三是要运用社交化客服，实现个性服务和精准营销。

当前，零售业经历了三次大的变革，前两次分别是实体零售和虚拟零售，而第三次零售变革是中国在主导，即虚实融合的智慧零售。之所以说智慧零售是引领世界零售业的第三次变革，一是智慧零售打破了线上线下单边发展的局面；二是智慧零售实现了新技术和实体产业的完美融合；三是智慧零售是全球企业都可以共同探索和发展的必然趋势；四是智慧零售是开放共享的生态模式。

围绕品牌商、零售商、消费者等参与主体和零售产业链条，AI 技术在零售领域的应用场景包括精准营销、商品识别分析、自助消费、智能仓储、智能客服及无人零售等。零售业基于计算机视觉、语音语义及机器学习等技术，可提高企业的运营能力、促进销售额增长、降低人工成本等。企业也可通过改善顾客消费体验，促进消费者转化率提升，为业务发展增添动能。

智慧零售的核心思路就是运用互联网、大数据等先进技术手段，对商品的生产、流通与销售过程进行升级改造，进而重塑业态结构与生态圈，并对线上服务、线下体验以及现代物流进行深度融合的零售新模式。

以强调线下体验部分的智慧零售系统为例，应用框图如图 2-3-1 所示。

智慧零售系统使用深度学习图像分类算法实现果蔬分类识别，结合智能电子秤及可视化大数据分析交互界面构建出超市智慧零售系统。实现整个系统分为三个任务，如图 2-3-2 所示。

任务一：果蔬分类模型部署，包括果蔬分类概述、果蔬分类实现原理、模型部署流程。

任务二：智能电子秤系统构建，包括电子秤实现原理及功能拆分、上位机解析电子秤传感器数据。

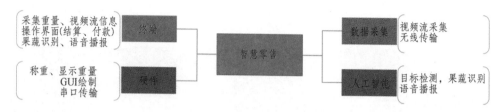

图 2-3-1　智慧零售应用框图

任务三：超市智慧零售系统开发，包括整个项目功能模块划分、果蔬分类功能插件构建、智能电子秤数据采集与应用、项目案例功能演示等。

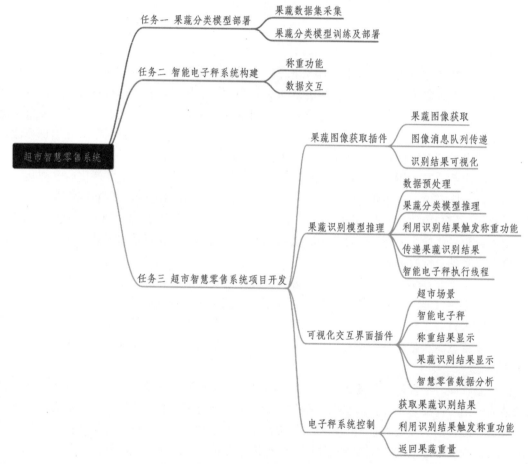

图 2-3-2　智慧零售任务拆解

任务一　果蔬分类模型部署

若想实现果蔬种类识别，无论是训练还是识别阶段都需要提取图片中果蔬的特征值。果蔬包含周长、面积、颜色、长度、宽度 5 个特征值，遇到特征较多的情况，使用深度学习的效果明显优于普通机器学习。可以使用 TensorFlow 框架搭建卷积神经网络模型，加载包含多种水果和蔬菜图片的数据集，使用迁移学习的方式训练图像分类模型，完成果蔬分类任务。

果蔬分类任务实现：TensorFlow 提供了迁移学习实现方法，其中 tf.keras 的应用模块（keras.applications）提供了带有预训练权值的深度学习模型，如图 2-3-3 所示，这些模型可以用来进行预测、特征提取和微调。

`densenet` module: DenseNet models for Keras.

`efficientnet` module: EfficientNet models for Keras.

`imagenet_utils` module: Utilities for ImageNet data preprocessing & prediction decoding.

`inception_resnet_v2` module: Inception-ResNet V2 model for Keras.

`inception_v3` module: Inception V3 model for Keras.

`mobilenet` module: MobileNet v1 models for Keras.

`mobilenet_v2` module: MobileNet v2 models for Keras.

`nasnet` module: NASNet-A models for Keras.

`resnet` module: ResNet models for Keras.

`resnet50` module: Public API for tf.keras.applications.resnet50 namespace.

`resnet_v2` module: ResNet v2 models for Keras.

`vgg16` module: VGG16 model for Keras.

`vgg19` module: VGG19 model for Keras.

`xception` module: Xception V1 model for Keras.

图 2-3-3　TensorFlow 中的迁移学习

可以使用 keras.applications.MobileNetV2 调用 MobileNetV2 模型实现果蔬识别，如图 2-3-4 所示。

```python
def mobilenetv2(input_shape=(224, 224, 3), classes_num=4):
    base_model = keras.applications.MobileNetV2(
        weights='imagenet',
        input_shape=input_shape,                       导入MobileNetV2的预训练模型
        include_top=False)
    base_model.trainable = False

    inputs = keras.Input(input_shape)

    x = base_model(inputs, training=False)
    x = keras.layers.GlobalAveragePooling2D()(x)       使用全连接层作为模型输出层
    x = keras.layers.Dropout(0.2)(x)
    outputs = keras.layers.Dense(classes_num, activation='softmax')(x)

    model = keras.Model(inputs, outputs)

    return base_model, model
```

图 2-3-4　TensorFlow 中 keras.applications 应用

TensorFlow 另外一种实现迁移学习的方法是调用 TensorFlow Hub 模块，TensorFlow Hub 目的是更好地复用已训练好且经过充分验证的模型，可节省训练时间和计算资源。已训练好的模型，可以进行直接部署，也可以进行迁移学习。样例代码如图 2-3-5 所示。

```
def mobilenetv2(input_shape=(None, 224, 224, 3), classes_num=len(cfg["labels_list"])):
    model = keras.Sequential([
        hub.KerasLayer("https://hub.tensorflow.google.cn/"         导入MobileNetV2的预训练模型
                       "google/tf2-preview/mobilenet_v2/feature_vector/2",
                       output_shape=[1280],
                       trainable=False),

        keras.layers.Dropout(0.5),
        keras.layers.Dense(classes_num, activation='softmax')        使用全连接层作为模型输出层
    ])
    model.build(input_shape)

    return model
```

图 2-3-5　TensorFlow Hub 模块应用

训练好模型后，对模型进行部署和应用，流程如图 2-3-6 所示。首先，采集模型训练的果蔬数据集，生成 TFRecord 文件；然后，搭建神经网络模型去读取生成的 TFRecord 文件进行模型训练；最后，将训练好的模型转换成 tflite 模型文件，使用该 tflite 模型文件就可以直接进行果蔬分类实验。

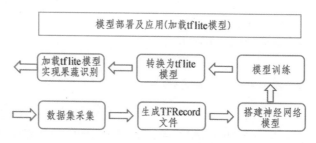

图 2-3-6　模型部署流程

定义加载 tflite 模型类，功能包括读取模型、获取输入数据、模型推理、返回输出层数据。示例代码如下：

```
# 加载 tflite 模型，model_name: 模型名称，model_path: 模型路径
class TfliteRun:
    def __init__(self, model_name="fruit_detection", model_path=POSENET_MODEL):
        self.interpreter = tflite.Interpreter(model_path=model_path)       # 读取模型
        self.interpreter.allocate_tensors()                                # 分配张量
        self.model_name = model_name

        # 获取输入层和输出层维度
        self.input_details = self.interpreter.get_input_details()
        self.output_details = self.interpreter.get_output_details()
        # 获取输入数据的形状
        print(self.model_name + "_input_shape", self.input_details[0]['shape'])
    # 模型推理
    def inference(self, img):
```

```
        self.interpreter.set_tensor(self.input_details[0]['index'], img) # 获取输入数据
        self.interpreter.invoke()          # 模型推理
        output_data1 = self.interpreter.get_tensor(self.output_details[0]['index'])        # 获取输
出层数据
        return output_data1
```

使用该模型实现果蔬识别并返回模型推理结果。

```
# 调用模型实现果蔬识别
def inference(self, img):
    input_data = self.imgPreprocessing(img)          # 获取测试图像
    predictions = self.tflite_run.inference(input_data)  # 模型推理
    return predictions
```

模型推理结果为每个果蔬类别的概率，如图 2-3-7 所示。

```
[[3.2277439e-30 3.3494254e-17 4.0095660e-23 3.3990492e-22 6.5396167e-33
  3.6661869e-23 2.9519031e-24 4.6173138e-20 5.3169639e-22 7.2889231e-28
  7.9593930e-29 3.5287891e-32 3.9823486e-27 4.2851962e-29 1.0000000e+00
  2.9138185e-25 6.1767289e-16 2.2606174e-18 3.7114748e-20 3.8991504e-17
  2.1415603e-32 4.2296169e-16 2.1146954e-19 8.8065178e-21 2.8494421e-22
  1.2817951e-28 1.1566470e-33 1.6039904e-18 6.1154681e-23 3.8198037e-29
  7.8366749e-12 1.3267363e-16 1.2241162e-26]]
```

图 2-3-7　果蔬识别模型推理结果示例

根据模型推理结果，对结果进行绘制，并返回绘制结果。

```
def recImgDis(img, predictions):
    dat = ""
    if not predictions is None:
        img = putText(img, cfg["labels_list"][np.argmax(predictions)], org=(0, 0))  # 结果绘制
        dat = cfg["labels_list"][np.argmax(predictions)]
    return img, dat
```

利用该模型能实现花菜、葡萄、芒果、菠萝、大白菜、橙子、茄子、香蕉、柠檬、胡萝卜、梨、玉米、番茄、黄瓜等果蔬分类。部分果蔬识别结果如图 2-3-8 所示。

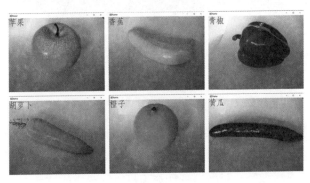

图 2-3-8　果蔬识别结果

任务二　智能电子秤系统构建

1. 智能电子秤系统概述

实现超市智慧零售系统的第二个任务是构建智能电子秤，以实现果蔬称重。在智能电子秤系统中，采用了智能节点核心控制板，搭载的是 STM32F407ZET6 芯片，使用压力传感器来实现果蔬称重功能。

2. 系统硬件模块

1）智能节点核心控制板

智能节点核心控制板使用 STM32F407ZET6 作为主控制器。控制器采用 32 位高性能 ARM Cortex-M4 处理器，支持 FPU（浮点运算）和 DSP 指令，支持 SWD 和 JTAG 调试。

核心控制板主要实现获取压力传感器数据，并上传至项目软件部分，通过串口发送果蔬重量数据至 LCD 触摸显示屏，如图 2-3-9 所示。

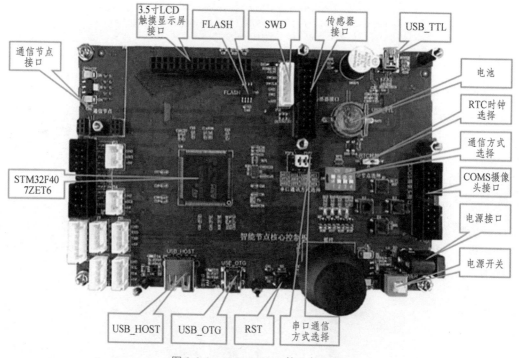

图 2-3-9　SMT32F407 核心控制板

2）压力传感器

该系统采用的压力传感器为平行梁传感器。平行梁传感器是称重传感器中最常用的传感器之一，广泛运用于电子秤、厨房秤、珠宝秤等行业领域，是工业和农业自动化系统中不可缺少的核心部件，外形如四方体形状，行业内统称为平行梁称重传感器。

压力传感器（见图 2-3-10）主要实现对果蔬进行称重的功能。

图 2-3-10　压力传感器

3）LCD 显示屏

TFT-LCD（Thin Film Transistor-Liquid Crystal Display，薄膜晶体管液晶显示器），与无源 TN-LCD、STN-LCD 的简单矩阵不同，它在液晶显示屏的每一个像素上都设置有一个薄膜晶体管（TFT），可有效地克服非选通时的串扰，使显示液晶屏的静态特性与扫描线数无关，因此大大提高了图像质量。TFT-LCD 也被叫作真彩液晶显示器，如图 2-3-11 所示。

图 2-3-11　LCD 显示屏

3. 智慧称重系统实现原理

智能电子秤系统开发流程如图 2-3-12 所示，将果蔬放在智能电子秤上，压力传感器会获取果蔬的重量，将获取结果通过串口发送给智能节点核心控制板；智能节点核心控制板接收到信息后，会通过串口向语音识别模块和 LCD 显示屏发送指令信息，语音识别模块将自动播报果蔬的重量和名称等信息，LCD 显示屏显示果蔬重量及名称等信息。智能节点核心控制板通过 WiFi 协议将底层获取的信息都上行发送给软件部分。

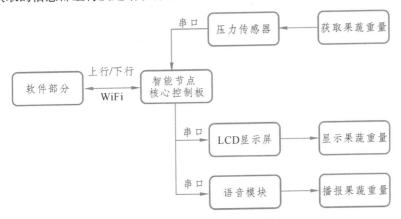

图 2-3-12　智能电子秤系统开发流程

利用 STM32F407ZET6 主控核心板、压力传感器、LCD 显示屏搭建智能电子秤硬件系统。

任务三　智慧零售自助结算系统开发

1. 智慧零售系统概述

智慧零售系统使用深度学习图像分类算法实现果蔬分类识别，并利用智能电子秤系统实现果蔬称重功能，最后结合可视化数据分析交互界面构建出超市智慧零售系统，实现果蔬自动识别、称重结算及数据可视化分析功能，如图 2-3-13 所示。

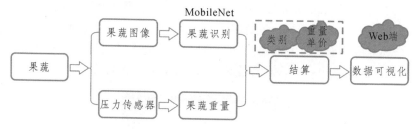

图 2-3-13　智慧零售系统开发流程

如图 2-3-14 所示，实现智慧零售系统开发需要果蔬图像获取插件、果蔬识别模型推理插件、可视化交互界面插件、电子秤系统控制功能插件。其中，图像获取插件主要实现图像获取、图像消息队列传递及图像识别结果可视化等功能；模型推理插件主要实现图像数据预处理、模型推理、识别结果传递及执行智能电子秤线程；可视化交互界面插件主要实现智能电子秤称重及结果显示、超市零售数据分析等功能；电子秤系统控制插件主要实现启动智能电子秤执行线程、获取果蔬重量。

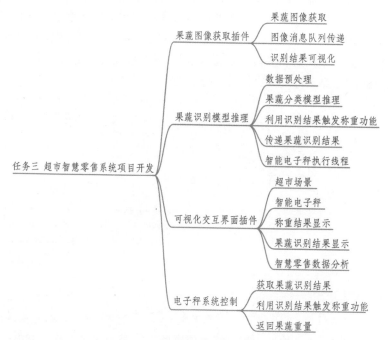

图 2-3-14　智慧零售系统开发任务拆解

2. 果蔬分类功能插件构建

1）插件构建

本次智慧零售系统开发采用Python多进程实现图像获取、图像识别、嵌入式系统数据交互、结果可视化等任务。首先构建果蔬图像获取、果蔬图像识别、网页端图像传递、智能电子秤系统数据接收与发送共4个功能插件。

```python
# 新建消息队列
q_flask = mp.Manager().Queue(2)    # 传递识别结果到网页
q_img = mp.Manager().Queue(1)      # 获取摄像头图像
q_rec = mp.Manager().Queue(1)      # 识别结果
full_dict = mp.Manager().dict({"TASK": True})    # 全局数据共享
stopFlag = mp.Manager().Value('i', 0)            # 嵌入式设备状态
q_send = mp.Manager().Queue(2)                   # 发送控制指令消息队列
full_dict[cfg.FRUIT_LIAB] = "苹果"
full_dict[cfg.PRESSURE_SENSOR_DATA] = 10
mapOpenPlugin = dict()             # 插件
mapClosePlugin = dict()
mapOpenPlugin[TaskType.IMAGE_GET_TASK] = (imgGetPluginRegist,
                                (q_flask, q_img, q_rec, full_dict))   # 果蔬
图像获取
mapOpenPlugin[TaskType.IMAGE_REC_TASK] = (imgRecPluginRegist,
                                (q_img, q_rec))   # 果蔬图像识别
mapOpenPlugin[TaskType.FLASK_TASK] = (flaskPluginRegist,
                                (htop, port, q_flask, full_dict))   # 网页端传递图像
mapOpenPlugin[TaskType.DATA_READ_SEND] = (dataPluginRegist,
                                (stopFlag, q_send, full_dict))   # 嵌入式设备数据
接收与发送
for plugin in mapOpenPlugin:
    log.info(str(plugin) + "启动成功~")
    taskFunc, taskArgs = mapOpenPlugin[plugin]
    taskFunc(*taskArgs)            # 提交任务
    workFlow.busStart()           # 启动插件线程
```

2）果蔬图像获取功能插件实现

实现第一个功能插件——果蔬图像获取功能插件。调用摄像头获取果蔬图像，获取果蔬分类结果消息队列，并调用函数实现识别结果绘制，以及将结果传递到Web网页端。

```python
class VideoThread(threading.Thread):
    def __init__(self, camera=0, q_flask:Queue=None,
                 q_img:Queue=None, q_rec:Queue=None, full_dict=None):
```

```
                threading.Thread.__init__(self)
                self.cap = setCamera(camera)          # 调用摄像头
                self.q_flask = q_flask                # 消息队列传递 绘制识别结果后的图像到 Web
显示插件
                self.q_img = q_img                    # 消息队列传递 原始图像到识别插件
                self.q_rec = q_rec                    # 消息队列传递 AI 模型的推理结果
                self.full_dict = full_dict
        def run(self):
                fruits_detecte_pricet = None
                while True:
                    if self.cap != "":
                        ret, frame = self.cap.read()    # 获取摄像头图像数据
                        frame = cv2.resize(frame, (ai_cfg["cam_width"], ai_cfg["cam_height"]))
                        # 原始图像传递
                        if not self.q_img.full() and not frame is None:
                            self.q_img.put(bytearray(frame))
                        # 识别结果绘制
                        if not self.q_rec.empty():
                            fruits_detecte_pricet = self.q_rec.get()    # 获取识别结果
                        frame, det = recImgDis(frame, fruits_detecte_pricet)   # 识别结果绘制
                        self.full_dict[config.FRUIT_LIAB] = det
                        # 传递识别图像到 Web 显示界面中
                        if not self.q_flask.full() and not frame is None:
                            self.q_flask.put(bytearray(frame))
```

3）果蔬分类功能插件实现

实现第二个功能插件——果蔬识别模型推理插件。在任务一中实现了果蔬分类模型部署，利用深度学习神经网络算法实现了果蔬分类任务，现将调用函数实现模型推理，并将模型推理结果进行传递。

```
class FruitDectectRecThread(threading.Thread):
    def __init__(self, q_img:Queue=None, q_rec:Queue=None, model_path=cfg ["model_path"]):
        threading.Thread.__init__(self)
        self.q_img = q_img                    # 消息队列传递 原始图像到识别插件
        self.q_rec = q_rec                    # 消息队列传递 AI 模型的推理结果
        self.fruit_detecte_rec = FruitDetect(model_path=model_path)   # 图像处理
    def run(self):
        while True:
            if self.q_img.empty():
                continue
```

```
        else:
            image = self.q_img.get()   # 获取原图像
            if image != False:
                image = np.array(image).reshape(cfg["cam_height"], cfg["cam_width"], 3)
            else:
                break
        fruit_detecte_pricet = self.fruit_detecte_rec.inference(image)   # 果实识别模型推理
        if self.q_rec.full():
            continue
        else:
            self.q_rec.put(fruit_detecte_pricet)   # 识别结果传递
```

4）可视化交互界面插件实现

实现第三个功能插件——可视化交互界面插件。将识别结果包括果蔬类别、单价及重量传递到 Web 端。Web 端获取识别结果进行计算和展示，并结合超市销售情况进行数据分析及显示。

```
class FlaskTask():
    def __init__(self):
        global app
    def onExit(self):
        pass
    # 可视化交互界面启动插件，host: 本机的 IP 地址；port: 端口号；q_flask: 摄像头图
像帧；full_dict: 网页端传递数据
    def worker(self, host="127.0.0.1", port=8082, q_flask=None, full_dict=None):
        setStatus(full_dict)   # 传递果蔬类别、重量、单价
        @app.route('/', methods=['GET', 'POST'])
        def base_layout():
            return render_template('bigdata.html')
        def camera():
            while True:
                if q_flask.empty():
                    continue
                else:
                    img = q_flask.get()   # 获取果蔬识别结果图片
                    if img != False:
                        img = np.array(img).reshape(cfg["cam_height"], cfg["cam_width"], 3)
                # 将图片格式转换(编码)成流数据，赋值到内存缓存中；
        # 主要用于图像数据格式的压缩，方便网络传输。
                    ret, buf = cv2.imencode(".jpeg", img)
                    yield (b"--frame\r\nContent-Type: image/jpeg\r\n\r\n" + buf.tobytes() +
```

```
b"\r\n\r\n")
            @app.route("/videostreamIpc/", methods=["GET"])
            def videostreamIpc():
                return Response(
                    camera(), mimetype="multipart/x-mixed-replace; boundary=frame"
                )
            # 启动线程
            app.run(host=host, port=port, threaded=True)
            log.info("flask 已成功启动！！ ")
```

GUI 界面通信协议如下：

```
return_msg = {
"fruit_class": 果蔬类别（字符串），
"fruit_m": 果蔬单价（float），
"fruit_g": 果蔬重量,单位克(int)
}
```

3. 智能电子秤数据采集与应用

要实现智慧零售系统构建，需利用智能电子秤对果蔬进行称重并将结果发送到 Web 端，再结合识别结果及果蔬单价进行结算。果蔬称重示例如图 2-3-15 所示。

图 2-3-15　果蔬称重示例图

实现第四个功能插件——智能电子秤系统数据传递。智能电子秤采用压力传感器获取果蔬重量，通过核心控制模块获取到压力传感器数据，然后将获取到的数据上传共享给 Web 端进行结算。

```
class DataReadThread(threading.Thread):
    def __init__(self, client, stopFlag:mp.Value, full_data=None):
        """

        智能电子秤底层数据接收线程
        :param client: wifi/usart 的对象 用于获取 datRead 函数
        :param stopFlag: 智能电子秤底层程序状态反馈
        """

        threading.Thread.__init__(self)
```

```
            self.stopFlag = stopFlag
            self.full_data = full_data
            self.client = client
            self.flag = True
    def setFlag(self, flag:bool):
            self.flag = flag
    def run(self):
            while self.flag:
                time.sleep(0.2)
                dat_msg = self.client.datRead(flag=False)
                # 获取压力传感器数据
                self.full_data[cfg.PRESSURE_SENSOR_DATA] = getEmbeddedData(dat_msg)
                log.info(self.full_data[cfg.PRESSURE_SENSOR_DATA])
```

4. 项目案例功能展示

首先，在嵌入式 AI 端侧推理平台中部署果蔬分类模型实现果蔬识别；然后，通过压力传感器模拟智能电子秤硬件平台实现果蔬称重并返回称重结果；最后，通过 Web 前端实现智慧零售数据可视化，包括果蔬识别结果和电子秤称重结果进行商品结算，并结合超市商品销售情况，对商品销售数据进行分析并展示。智慧零售系统数据可视化界面如图 2-3-16 所示。

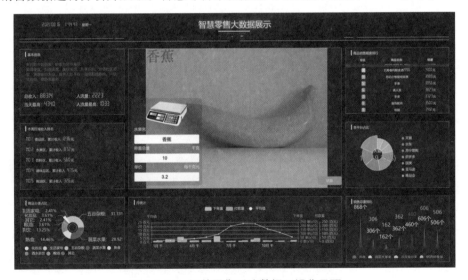

图 2-3-16　智慧零售系统数据可视化界面

项目四 情绪识别氛围交互系统

【项目分析】

情绪识别氛围交互系统首先通过摄像头采集人脸图像数据，然后利用深度学习神经网络算法实现人脸检测及人脸表情识别，再根据人脸表情识别结果控制家居设备。学生需要掌握以下知识：一是学习神经网络数学模型基本概念；二是了解人脸表情识别算法模型部署；三是了解氛围灯控制系统的构建。

随着以人工智能为代表的新一代信息技术的不断进步，新技术融入加速智能家居产业生态发展，推动智能家居进入发展新阶段，场景、渠道、技术、产品、平台的创新赋予智能家居发展新契机。人工智能让智能家居系统更具智慧；5G搭建基础连接设施，让智能家居系统实现实时智能化在线管理。智能家居系统的产生将推动空间智能化的逻辑预判力提升，给予更加精准、舒适、安全与人性化的反馈和升级，实现家居生活的数字化、智能化、便捷化。

智能家居场景的构建围绕环境安全、娱乐、办公等应用场景展开，如图2-4-1所示。智能家居安全需求首当其冲，智能门锁、智能摄像机、智能传感器等将成为智能家居的关键支撑点。

图 2-4-1　智能家居系统结构

智能家居平台生态建设的目的是将人工智能、物联网、云计算、大数据等新一代信息技术能力下沉，通过顶层设计，赋能智能家居产品，提升用户的体验感，解决各智能终端之间，跨品牌/跨品类互联互通、云端一体化、AI交互赋能、数据交互等问题。

智能家居场景中的数据通常涉及大量的用户隐私信息，基于云端的智能家居系统往往有泄露隐私以及稳定性不高的问题。因此，考虑使用嵌入式AI端侧推理平台实现人工智能技术本地部署，使得家居生活更加智能、安全、便利。

本次情绪识别氛围交互系统建设主要利用深度学习神经网络算法实现人脸检测及人脸表情识别，然后根据识别结果控制氛围灯、语音交互、LCD显示。

实现情绪识别氛围交互系统任务拆解如图2-4-2所示。

任务一：人脸表情识别模型部署，主要实现人脸表情识别模型训练及模型部署。

任务二：氛围灯控制系统构建，实现了 RGB 氛围灯控制。

任务三：情绪识别氛围交互系统开发，实现整个项目的设计和开发。

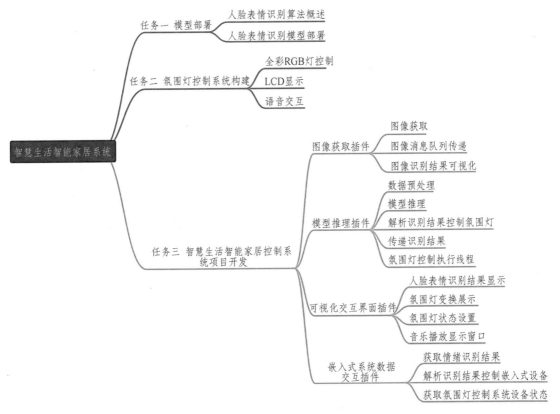

图 2-4-2　情绪识别氛围交互系统任务拆解

任务一　模型部署

1. 表情识别概述

随着深度学习领域的飞速发展以及智能设备的普及，人脸识别技术正在经历前所未有的发展，人们对于人脸识别技术的讨论也从未停歇。现如今，人脸识别精度已经超过人类肉眼，同时大规模普及的软硬件基础条件也已经具备，人脸识别技术的应用市场和领域需求庞大，基于这项技术的市场发展和具体应用正呈现蓬勃发展态势。人脸表情识别（Facialexpression Recognition, FER）作为人脸识别技术中的一个重要组成部分，近年来在人机交互、安全、机器人制造、自动化、医疗、通信和驾驶领域得到了广泛的关注，成为学术界和工业界的研究热点。

"表情"是与我们日常生活密切相关的一个词语，人脸表情是最直接、最有效的情感识别模式。在人际沟通中，人们通过控制自己的面部表情，可以加强沟通效果。人脸表情是传播人类情感信息与协调人际关系的重要方式，据心理学家 A.Mehrabia 的研究表明，在人类的日常交流中，通过语言传递的信息仅占信息总量的 7%，而通过人脸表情传递的信息却达到信息总量的

55%。可以这么说，我们每天都在对外展示自己的表情信息同时也在接收别人的表情信息，那么表情是什么呢？

早在 20 世纪 Ekman 等专家就通过跨文化调研提出了 7 类基础表情，分别是生气、害怕、厌恶、开心、悲伤、惊讶及中立。然而，不断地研究发现这 7 类基本表情并不能完全涵盖人们在日常生活中所表露的情感。针对该问题，2014 年在 PNAS 上发表的一篇文章研究提出了复合表情的概念，并且指出多个离散的基础表情能结合在一起从而形成复合表情，如惊喜（高兴＋吃惊）、悲愤（悲伤＋愤怒）等 15 种可被区分的复合表情，如图 2-4-3 所示。

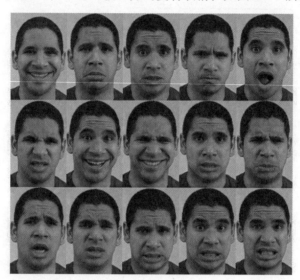

图 2-4-3　人脸表情

将人脸表情识别应用于智能家居场景中，可实现通过人脸表情控制氛灯或者音乐播放等其他家居娱乐场景。基于深度卷积神经网络的表情识别算法获取表情信息，并将识别到的信息通过氛围灯的方式，实时反映，增强用户沉浸感。

人脸表情识别常用方法包括利用人为设计特征和深度学习方法实现。

1）人为设计特征

各种人为设计的特征已经被用于 FER 提取图像的外观特征，包括 Gabor、LBP、LGBP、HOG和 SIFT。这些人为设计的方法在特定的小样本集中往往更有效，但难以用于识别新的人脸图像，这给 FER 在不受控制的环境中带来了挑战。但其存在的问题也十分明显，首先，人为设计的特征太受制于设计的算法，设计太耗费人力。其次，特征提取与分类是两个分开的过程，不能将其融合到一个 end-to-end 的模型中。

2）深度学习

深度学习是机器学习领域中一个新的研究方向，其中以基于卷积运算的神经网络系统，即卷积神经网络（CNN）应用最为广泛。图 2-4-4 所示为 CNN 的网络结构，CNN 可以有效地降低反馈神经网络（传统神经网络）的复杂性，常见的 CNN 结构有 LeNet-5、AlexNet、ZFNet、VGGNet、GoogleNet、ResNet 等，从这些结构来讲 CNN 发展的一个方向就是层次的增加，通过这种方式可以利用增加的非线性得出目标函数的近似结构，同时得出更好的特征表达，但是这种方式导致了网络整体复杂性的增加，使网络更加难以优化，很容易过拟合。

图 2-4-4 CNN 网络结构

2. 基于深度卷积神经网络的表情识别

实现人脸表情识别项目开发流程如图 2-4-5 所示。首先，利用 OpenCV 人脸检测级联分类器实现人脸检测；然后，调用表情识别模型实现人脸表情识别。本次案例能识别愤怒、厌恶、恐惧、高兴、悲哀、惊讶、正常共 7 种人脸表情。

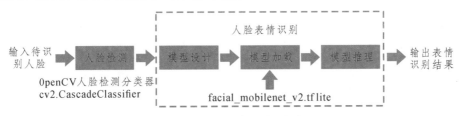

图 2-4-5 人脸表情识别开发流程

1）模型设计

采用深度卷积神经网络将人脸表情特征提取与表情分类融合到一个 end-to-end 的网络中，采用两个卷积层模块加三层全连接层的结构来完成表情的识别与分类。

卷积层模块的每一个小块由一个卷积层、一个 RelU 层和一个最大池化层构成。而且每个模块输出端还加入 LRN 局部响应归一化函数，防止过拟合，增加模型健壮性。

损失函数使用了交叉熵损失函数，模型在全连接层之后，得到了每一类的输出概率，但此时概率是没有经过归一化的，通过一个 softmax 层，将概率归一化到 1，更加易于数据处理。

```
cross_entropy = tf.reduce_mean(
tf.nn,softmax_cross_entropy_with_logits(labels=y_, logits=y_conv))
```

2）模型加载

提前训练好的模型文件储存在项目路径./resource/model_zoo 下，随后加载该模型实现人脸表情识别。本次使用.tflite 模型文件。

```
# 加载 tflite 模型，model_name: 模型名称，model_path: 模型路径
class TfliteRun:
    def __init__(self, model_name="facial_model", model_path=POSENET_MODEL):
        self.interpreter = tflite.Interpreter(model_path=model_path)   # 读取模型
        self.interpreter.allocate_tensors()                           # 分配张量
```

```
            self.model_name = model_name
            # 获取输入层和输出层维度
            self.input_details = self.interpreter.get_input_details()
            self.output_details = self.interpreter.get_output_details()
        # 模型推理
        def inference(self, img):
            input_data = img
            self.interpreter.set_tensor(self.input_details[0]['index'], input_data)
            self.interpreter.invoke()        # 模型推理
            output_data1 = self.interpreter.get_tensor(self.output_details[0]['index'])        # 获取输出层数据
            return output_data1
```

3) 模型推理

在模型训练与加载完成后，只需将待预测数据输入实现模型推理。这里输入的数据为待识别图像中的人脸面部区域，转换大小为 48×48 的图像并转换为形状为[1,2304]的张量数据。

首先，使用 OpenCV 的人脸检测级联分类器实现人脸检测；然后，调用.tflite 人脸表情识别模型实现人脸表情识别；最后，返回人脸位置信息及表情类别，代码如下：

```
class FacialExpression(object):
    def __init__(self, fruit_model_path=FACIAL_DETECT_PATH, \
    face_detect_path= FACE_DETECT_PATH):
        # OpenCV 人脸检测级联分类器
        self.classifier = cv2.CascadeClassifier(face_detect_path)
        # 人脸表情识别模型
        self.tflite_run = TfliteRun(model_path=fruit_model_path)   # 模型推理
        self.predictions = []
    # 输入数据预处理
    def imgPreprocessing(self, img):
        input_data = cv2.resize(img, (48, 48))
        input_data = np.float32(input_data.copy())
        input_data = cv2.cvtColor(input_data, cv2.COLOR_BGR2GRAY)
        input_data = input_data[np.newaxis, ..., np.newaxis]
        return input_data
    # 模型推理
    def inference(self, img):
        predictions = None
        gray = cv2.cvtColor(img, cv2.COLOR_BGR2GRAY)   # 图像灰度化
        # 调用人脸检测级联分类器检测人脸
        faceRects = self.classifier.detectMultiScale(gray, scaleFactor=1.2,\
```

```
                                          minNeighbors=3, minSize=(32, 32))
    if len(faceRects) > 0:
        x, y, w, h = faceRects[0]
        face_roi = img[y:y + w, x:x + h]                # 人脸 ROI 提取
        input_data = self.imgPreprocessing(face_roi)    # 获取测试图像
        prediction = self.tflite_run.inference(input_data)   # 模型推理，识别人脸表情
        predictions = [(x, y, w, h), prediction]
    # 返回人脸表情识别结果，包括人脸位置和人脸表情类别
return predictions
```

输入待识别的人脸数据到表情识别模型中，即可得到所有表情类别的置信度，即不同表情的概率。概率最大的表情类别即为当前输入人脸图像的识别结果。

利用人脸检测模型返回的人脸位置及人脸表情类别绘制出矩形框及人脸表情类型，代码如下：

```
# 检测结果绘制
def recImgDis(img, predictions):
    label = ""
    color = (0, 255, 0)   # 定义绘制颜色
    if not predictions is None:
        x, y, w, h = predictions[0]
        cv2.rectangle(img, (x, y), (x + h, y + w), color, 2)   # 绘制矩形框
        label = ai_cfg.LABELS_LIST[np.argmax(predictions[1])]
        img = putText(img, label, org=(50, 50))   # 绘制表情识别结果
return img, label
```

任务二　氛围灯控制系统构建

1. 系统概述

氛围灯控制系统主要通过核心控制板接收到人脸表情识别结果指令，再通过串口控制其他节点做出响应。

2. 系统硬件模块

氛围灯控制系统硬件模块主要包括核心控制模块、智能语音交互模块、全彩 RGB 灯、LCD显示屏。

3. 系统实现原理

氛围灯控制系统开发流程如图 2-4-6 所示，主要实现嵌入式硬件部分开发，根据软件部分下

发的指令实现硬件设备控制。软件部分调用摄像头检测人脸，将检测到的人脸进行表情识别，例如识别到的是开心的表情，软件部分则会通过 WiFi 协议下发快乐的指令给智能节点核心控制板，智能节点核心控制板通过串口控制全彩 RGB 灯显示绿色的灯光，并通过串口控制智能语音交互模块播放快乐的音乐，在 LCD 显示屏上显示一个笑脸的表情。

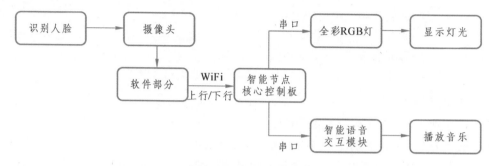

图 2-4-6 人脸表情识别氛围灯控制开发详细流程

任务三 情绪识别氛围交互系统开发

1. 情绪识别氛围交互系统开发概述

情绪识别氛围交互系统开发流程如图 2-4-7 所示，首先通过摄像头采集人脸图像数据，然后利用深度学习神经网络算法实现人脸检测及人脸表情识别，最后根据人脸表情识别结果控制家居设备。

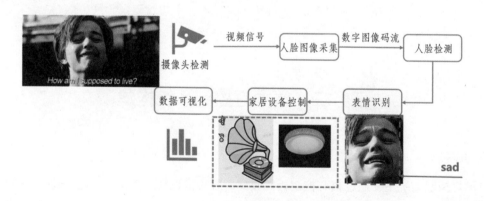

图 2-4-7 人脸表情识别氛围灯控制开发详细流程

实现情绪识别氛围交互系统需要开发人脸图像获取插件、人脸表情识别模型推理插件、氛围灯控制系统功能插件、嵌入式系统数据交互插件，如图 2-4-8 所示。其中，人脸图像获取插件主要实现摄像头获取人脸视频、人脸图像消息队列传递等功能；人脸表情识别模型推理插件主要实现人脸图像数据预处理、人脸表情识别模型推理、解析表情识别结果控制氛围灯及传递人脸表情识别结果并开启氛围灯控制执行线程；氛围灯控制系统功能插件主要根据人脸表情识别结果下发控制指令至嵌入式设备端。

图 2-4-8　情绪识别氛围交互系统开发功能插件

2. 功能插件构建

1）人脸图像获取插件实现

实现第一个功能插件——人脸图像获取插件，调用摄像头获取人脸图像数据，获取人脸表情识别结果消息队列，并调用结果绘制函数实现人脸表情结果绘制到原图像中。

```
class VideoThread():
    def __init__(self, camera='/dev/video10', q_flask:Queue=None,
                    q_img:Queue=None, q_rec:Queue=None, full_dict=None):
        log.info(camera)
        self.cap = setCamera(camera)          # 网络摄像头
        self.q_flask = q_flask                # 消息队列传递
        self.q_img = q_img                    # 消息队列传递原始图像到识别插件
        self.q_rec = q_rec                    # 消息队列传递 AI 模型的推理结果
        self.full_dict = full_dict
    def run(self):
        pricet = None
        while True:
            if self.cap != "":
                ret, frame = self.cap.read()  # 获取摄像头图像
                frame = cv2.resize(frame, (ai_cfg.CAM_WIDTH, ai_cfg.CAM_HEIGHT))
                # 原始图像传递
```

```
            if not self.q_img.full() and not frame is None:
                self.q_img.put(bytearray(frame))
            if not self.q_rec.empty():
                pricet = self.q_rec.get()   # 获取人脸表情识别结果
            # 绘图识别结果
            frame, label = recImgDis(frame, pricet)
            # 将表情识别结果写入全局共享数据中
            self.full_dict[config.FACIAL_STATIC] = label
            # 传递绘制后的图像
            if not self.q_flask.full() and not frame is None:
                self.q_flask.put(bytearray(frame))
```

2）人脸表情识别模型推理插件实现

在任务一中已经实现了人脸表情识别模型部署，下面就可以直接创建人脸表情识别模型推理插件，调用表情识别方法实现人脸表情识别，并将识别结果进行传递。

```
class ModelRecThread():
    def __init__(self, q_img:Queue=None, q_rec:Queue=None):
        self.q_img = q_img                  # 消息队列传递原始图像到识别插件
        self.q_rec = q_rec                  # 消息队列传递 AI 模型的推理结果
        self.facial_expression_rec = FacialExpression(fruit_model_path=ai_cfg.FACIAL_DETECT_
PATH,
                            face_detect_path=ai_cfg.FACE_DETECT_PATH,)     # 实例化表
情识别对象
    def run(self):
        while True:
            if self.q_img.empty():
                continue
            else:
                image = self.q_img.get()   # 待检测人脸图像获取
                if image:
                    image = np.array(image).reshape(ai_cfg.CAM_HEIGHT, ai_cfg.CAM_
WIDTH, 3)
                else:
                    break
            facial_expression_pricet = self.facial_expression_rec.inference(image)   # 模型推理
            if self.q_rec.full():
                continue
            else:
                self.q_rec.put(facial_expression_pricet)   # 识别结果传递
```

3）氛围灯控制系统功能插件实现

氛围灯控制系统主要根据人脸表情识别结果控制 RGB 灯。根据识别结果判断是否需要打开 RGB 灯，若需要打开则根据不同的表情开启不同的颜色灯光；否则不打开 RGB 灯。

将人脸表情识别结果发送至嵌入式端控制 RGB 灯，参考代码如下：

```python
def embeddedDataThreadRun(client, q_send=None, full_data=None):
    """
    嵌入式系统数据发送与接收线程启动
    :param client: wifi/usart 的对象
    :param q_send: 发送数据的消息队列
    :param full_data: 全局共享数据 dict
    :return:
    """
    try:
        read_thread = DataReadThread(client, full_data)
        send_thread = DataSendThread(client, q_send)
        # read_thread.start()
        send_thread.start()
        log.info("嵌入式系统数据接收和发送线程启动成功!!")
    except:
        log.error("嵌入式系统数据接收和发送线程启动失败!!")
class DataSendThread(threading.Thread):
    def __init__(self, client, q_send: mp.Queue):
        """
        嵌入式系统控制指令发送线程
        :param client: wifi/usart 的对象 用于获取 send 函数
        """
        threading.Thread.__init__(self)
        self.q_send = q_send
        self.client = client
        self.flag = True
    def setFlag(self, flag: bool):
        self.flag = flag
    def run(self):
        # 获取消息队列并发送
        while self.flag:
            if self.q_send.empty():
                continue
            else:
```

```
                    dat = self.q_send.get()
                    log.info(dat)
                    self.client.send(dat)
```

根据不同的人脸表情识别结果向嵌入式控制端发送氛围灯控制指令。嵌入式系统控制指令包括数据包头、表情识别标志位、音乐控制标志位、包尾。表情识别标志位类型包括 01 红色灯光（生气）、02 绿色灯光（惊讶）、05 橙色灯光（害怕）、03 蓝色灯光（开心）、04 黑色灯光（自然）、06 黄色灯光（伤心）、07 靛青灯光（厌烦）。

```
class EmbdDrive(object):
    def __init__(self, q_send:mp.Queue, with_flag=True):
        """
        嵌入式系统控制指令
        :param q_send: 用于传达发送控制数据（此消息队列通过线程的方式自动发送）
        :param with_flag: 是否开启
        """
        self.with_flag = with_flag
        self.q_send = q_send
    def datSend(self, comm0, comm1):
        send_dat = np.zeros((5,), np.uint8)
        send_dat[0] = 0x55
        send_dat[1] = 0xDD
        send_dat[2] = comm0
        send_dat[3] = comm1
        send_dat[3] = 0xBB
        if not self.q_send.full():
            self.q_send.put(send_dat)
    """
    嵌入式系统控制指令
    """
    def lightCtl(self, ligt=1, m_open=1):
        """
0x55 0xDD（包头）
0xXX（表情识别标志位：01：红色灯光（生气）、02：绿色灯光（惊讶）、05：橙色灯光（害怕）、03：蓝色灯光（开心）、04：黑色灯光（自然）、06：黄色灯光（伤心）、07：靛青灯光（厌烦）
0xXX（0x:01 打开音乐）
0xBB（包尾）
        """
        self.datSend(ligt, m_open)
```

氛围灯控制系统获取到控制指令之后，根据不同的指令控制氛围灯颜色，以及打开语音交互模块播放音乐。

3. 项目案例功能演示

在嵌入式 AI 端侧推理平台部署人脸表情识别模型实现表情识别，再根据识别结果控制氛围灯系统响应。

人脸表情识别灯光控制系统数据可视化界面主要包括人脸表情识别数据可视化、人脸表情识别结果、氛围灯显示效果、风扇控制、门窗控制、报警窗口等家居场景，如图 2-4-9 所示。

图 2-4-9 情绪识别氛围交互系统数据可视化

项目 五 客流统计分析系统

【项目分析】

本项目采用人脸检测和目标跟踪算法，以及人脸检测和目标跟踪模型部署，构建客流统计分析系统，实现客流计数功能。学生需要掌握以下知识：一是了解人脸检测算法和目标跟踪算法，模型部署；二是了解客流统计分析的构建；三是掌握利用人脸检测与目标跟踪模型推理框架实现客流统计分析系统。

1. 人脸检测算法实现

人脸检测是指对于任意一幅给定的图像，采用一定的策略对其进行搜索以确定其中是否含有人脸，如果是则返回人脸的位置、大小和姿态。人脸检测主要指检测并定位输入图像中所有的人脸，同时输出精确的人脸位置和精度，是人脸信息处理中重要的一环。人脸检测是一个复杂的具有挑战性的模式检测问题，其主要的难点有两方面。

一方面是由于人脸内在的变化所引起的。

（1）人脸具有相当复杂的细节变化，不同的外貌，如脸形、肤色等，不同的表情，如眼、嘴的开与闭等。

（2）人脸的遮挡，如眼镜、头发和头部饰物以及其他外部物体等。

另一方面是由于外在条件变化所引起的。

（1）由于成像角度的不同造成人脸的多姿态，如平面内旋转、深度旋转及上下旋转，其中深度旋转影响较大。

（2）光照的影响，如图像中的亮度、对比度的变化和阴影等。

（3）图像的成像条件，如摄像设备的焦距、成像距离，图像获得的途径等。

如果能找到一些相关的算法并能在应用过程中达到实时，将为成功构造出具有实际应用价值的人脸检测与跟踪系统提供保障。

人脸检测技术早已融入人们的日常生活中，如移动支付、安防监控、视频追踪等应用，它们都以人脸目标被成功检测识别为前提。

2. 人脸检测算法简介

人脸识别算法的原理：系统输入一般是一张或者一系列含有未确定身份的人脸图像，以及人脸数据库中若干已知身份的人脸图像或者相应的编码，而其输出则是一系列相似度得分，表明待识别的人脸的身份。

如图 2-5-1 所示，按维数分类，人脸检测算法分为二维和三维。

人脸检测方法主要集中在二维图像方面。二维人脸检测主要利用分布在人脸上从低到高 80 个节点或标点，通过测量眼睛、颧骨、下巴等之间的间距来进行身份认证。二维人脸检测算法主要有基于模板匹配的方法、基于奇异值特征的方法、子空间分析法、局部保持投影法、主成分分析法。另外，二维人脸检测方法的最大不足是在面临姿态、光照条件不同、表情变化以及脸部化妆等方面较为脆弱，识别的准确度受到很大限制，而这些都是人脸在自然状态下会随时表现出来的。

三维人脸检测可以极大地提高识别精度，真正的三维人脸检测是利用深度图像进行研究，自 20 世纪 90 年代初期开始，已经有了一定的进展。三维人脸检测方法有基于图像特征的方法、基于模型可变参数的方法。

按机理分类，人脸检测算法分为基于人脸特征点的识别算法、基于整幅人脸图像的识别算法、基于模板的识别算法、利用神经网络进行识别的算法、利用支持向量机进行识别的算法。

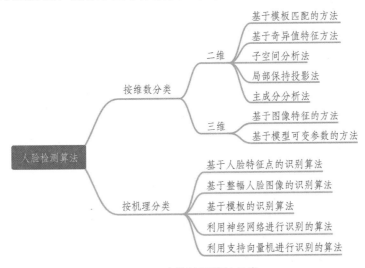

图 2-5-1　人脸检测算法分类

尽管在不受控制的人脸检测方面已经取得了巨大的进步，但低成本的高效人脸检测和高精度仍然是一个有待解决的问题。

任务一　目标跟踪

目标跟踪是计算机视觉研究领域的热点之一，并得到广泛应用。相机的跟踪对焦、无人机的自动目标跟踪等都需要用到目标跟踪技术。另外，还有特定物体的跟踪需要用到目标跟踪技术，如人体跟踪、交通监控系统中的车辆跟踪、智能交互系统中的手势跟踪等。

简单来说，目标跟踪就是在连续的视频序列中，建立所要跟踪物体的位置关系，得到物体完整的运动轨迹。给定图像第一帧的目标坐标位置，计算在下一帧图像中目标的确切位置。在运动的过程中，目标可能会呈现一些图像上的变化，如姿态或形状的变化、尺度的变化、背景遮挡或光线亮度的变化等。目标跟踪算法的研究也围绕着解决这些变化和具体的应用展开。

在计算机视觉中，目标检测是在图像和视频（一系列的图像）中扫描和搜寻目标，概括来说就是在一个场景中对目标进行定位和识别，如图 2-5-2 所示，要检测图像中的车辆，这就是典型的目标检测实例。

图 2-5-2　目标检测实例

目标跟踪就是跟踪一个目标，一直尾随着目标。例如在动画图像（.gif）或者视频中跟踪一个目标是如何移动的，目标要到哪里去，以及目标的速度。实时锁定一个（一些）特定的移动目标。

跟踪是一系列的检测。假设在交通录像中，想要检测一辆车或者一个人，使用录像不同时刻的快照（通过暂停键）来检测目标。然后通过检查目标是如何在录像不同的画面中移动（对录像每一帧进行目标检测，如 Yolo 算法，就能知道目标在不同的画面里的坐标），由此实现对目标的追踪。例如要计算目标的速度，就可以通过两帧图像中目标坐标的变化来计算目标移动距离，除以两帧画面的间隔时间。

因为要处理录像所有的快照（每一帧）的像素，这些算法需要密集的跟踪方法（Dense Method Of Tracking）来实现。对于每一帧画面图像，都要进行目标检测，就拿滑窗法来举例，需要处理图像中的所有像素。所以，这种方法进行目标跟踪，计算量将会非常大。

1. 目标跟踪算法概述

早期的目标跟踪算法主要是根据目标建模或者对目标特征进行跟踪，大致分为以下两种。

1）基于目标模型建模的方法

通过对目标外观模型进行建模，然后在之后的帧中找到目标，如区域匹配、特征点跟踪、基于主动轮廓的跟踪算法、光流法等。最常用的是特征匹配法，首先提取目标特征，然后在后续的帧中找到最相似的特征进行目标定位，常用的特征有 SIFT 特征、SURF 特征、Harris 角点等。

2）基于搜索的方法

随着研究的深入，人们发现基于目标模型建模的方法对整张图片进行处理，实时性差。人们将预测算法加入跟踪中，在预测值附近进行目标搜索，减少了搜索的范围。常见一类的预测算法有 Kalman 滤波、粒子滤波方法。另一种减小搜索范围的方法是内核方法：运用最速下降法的原理，向梯度下降方向对目标模板逐步迭代，直到迭代到最优位置，诸如 Meanshift、Camshift 算法。

随着深度学习方法的广泛应用，人们开始考虑将其应用到目标跟踪中。人们开始使用深度特征并取得了很好的效果，之后开始考虑用深度学习建立全新的跟踪框架，进行目标跟踪。

在大数据背景下，利用深度学习训练网络模型，得到的卷积特征输出表达能力更强。在目标跟踪上，初期的应用方式是把网络学习到的特征，直接应用到相关滤波或 Struck 的跟踪框架里面，从而得到更好的跟踪结果，如 DeepSORT 方法。本质上卷积输出得到的特征表达，更优于 HOG 或 CN 特征，这也是深度学习的优势之一，但同时也带来了计算量的增加。

2. Deep SORT 算法概述

Deep SORT 算法(见图 2-5-3)的前身是 SORT，全称是 Simple Online and Realtime Tracking。SORT 最大的特点是基于 Faster R-CNN 的目标检测方法，并利用卡尔曼滤波算法+匈牙利算法，极大提高了多目标跟踪的速度，同时达到了 SOTA 的准确率。

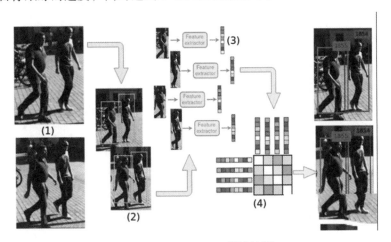

图 2-5-3　Deep SORT 算法流程

基于深度学习的多目标跟踪涉及 4 个主要步骤。

（1）给定视频原始帧。

（2）运行目标检测器（如 Faster R-CNN、Yolo v3、SSD 等）进行检测，获取目标检测框。

（3）将所有目标框中对应的目标抠出来，进行特征提取（包括表观特征或者运动特征）；进行相似度计算，计算前后两帧目标之间的匹配程度（前后属于同一个目标之间的距离比较小，不同目标的距离比较大）。

（4）数据关联，为每个对象分配目标的 ID。

以上步骤的核心是检测，SORT 相关研究表明，仅仅换一个更好的检测器，有时便可以将目标跟踪表现提升 18.9%。

任务二　人脸检测模型部署

如图 2-5-4 所示，人脸检测模型部署需要 5 个步骤：人脸数据集标注及预处理→神经网络模型搭建→神经网络模型训练→神经网络模型转换→神经网络模型部署。

图 2-5-4　人脸检测模型部署流程

1. 模型部署流程

1）加载模型

ONNXRuntime 是微软推出的一款推理框架，用户可以非常便利地运行 ONNX 模型。ONNXRuntime 支持多种运行后端，包括 CPU、GPU、TensorRT、DML 等。可以说，ONNXRuntime 是对 ONNX 模型最原生的支持。

总体来看，整个 ONNXRuntime 的运行可以分为三个阶段：Session 构造、模型加载与初始化、运行。与其他所有主流框架相同，ONNXRuntime 最常用的语言是 Python，而实际负责执行框架运行的则是 C++。

（1）Session 构造：构造阶段即创建一个 InferenceSession 对象。在 Python 前端构建 Session 对象时，Python 端会通过 http://onnxruntime_pybind_state.cc 调用 C++中的 InferenceSession 类构造函数，得到一个 InferenceSession 对象。

InferenceSession 构造阶段会进行各个成员的初始化，成员包括负责 OpKernel 管理的 KernelRegistryManager 对象、持有 Session 配置信息的 SessionOptions 对象、负责图分割的 GraphTransformerManager、负责 log 管理的 LoggingManager 等。当然，这个时候 InferenceSession 就是一个空壳子，只完成了对成员对象的初始构建。

（2）模型加载与初始化：在完成 InferenceSession 对象的构造后，会将 ONNX 模型加载到 InferenceSession 中并进行进一步的初始化。

①模型加载：模型加载时，会在 C++后端会调用对应的 Load()函数，InferenceSession 一共提供了 8 种 Load 函数，包括从 url、ModelProto、void* model data、model istream 等读取 ModelProto。InferenceSession 会对 ModelProto 进行解析，然后持有其对应的 Model 成员。

②Providers 注册：在 Load 函数结束后，InferenceSession 会调用两个函数：RegisterExecutionProviders()和 sess->Initialize()。

RegisterExecutionProviders 函数会完成 ExecutionProvider 的注册工作。这里解释一下 ExecutionProvider，ONNXRuntime 用 Provider 表示不同的运行设备，如 CUDAProvider 等。目前 ONNXRuntimev1.0 支持包括 CPU、CUDA、TensorRT、MKL 等 7 种 Providers。通过调用 sess->RegisterExecutionProvider()函数，InferenceSession 通过一个 list 持有当前运行环境中支持的 ExecutionProviders。

InferenceSession 初始化，即 sess->Initialize()，这时 InferenceSession 会根据自身持有的 model 和 execution providers 进行进一步的初始化（在第一阶段 Session 构造时仅仅持有了空壳子成员变量）。该步骤是 InferenceSession 初始化的核心，包括一系列核心操作，如内存分配、model partition 和 kernel 注册等都在这个阶段完成。首先，Session 会根据 level 注册 graph optimization transformers，并通过 GraphTransformerManager 成员进行持有。然后，Session 会进行 OpKernel 注册，OpKernel 即定义的各个节点对应在不同运行设备上的计算逻辑。这个过程会将持有的各个 ExecutionProvider 上定义的所有节点对应的 Kernel 注册到 Session 中，Session 通过 KernelRegistryManager 成员进行持有和管理。接着，Session 会对 Graph 进行图变换，包括插入 copy 节点、cast 节点等。再接着，是 model partition，也就是根运行设备对 graph 进行切分，决定每个节点运行在哪个 provider 上。最后，为每个节点创建 ExecutePlan，运行计划主要包含各个 op 的执行顺序、内存申请管理、内存复用管理等操作。

（3）模型运行（即 InferenceSession）：每次读入一个 batch 的数据并进行计算得到模型的最终输出。然而，其实绝大多数的工作早已经在 InferenceSession 初始化阶段完成。细看下源码就会发现 run 阶段主要是顺序调用各个节点的对应 OpKernel 进行计算。

```python
import onnxruntime as ort
POSENET_MODEL = '../../resource/model_zoo/scrfd_500m_bnkps_shape160x160.onnx'
# 加载 ONNX 模型
class OnnxRun:
    def __init__(self, model_name="face_detect", model_path=POSENET_MODEL):
        """
        model_name: 模型名称
        model_path: 模型路径
        """
        self.model_name = model_name
        self.ort_session = ort.InferenceSession(model_path)
        self.input_name = self.ort_session.get_inputs()[0].name
        input = self.ort_session.get_inputs()
        output = self.ort_session.get_outputs()
        print(self.model_name + "_input_shape", input[0])
        for shape in output:
            # 获取输出数据的形状
            print(self.model_name + "_output_shape", shape)
        print("outpput", len(output))
    def inference(self, img):
        input_data = img
        return self.ort_session.run(None, {self.input_name: input_data})
if __name__ == "__main__":
    onnx_run = OnnxRun()
```

2）模型推理

训练是通过从已有的数据中学习到某种能力，而推理是简化并使用该能力，使其能快速、高效地对未知的数据进行操作，以获得预期的结果。

训练是计算密集型操作，模型一般都需要使用大量的数据来进行训练，通过反向传播来不断地优化模型的参数，以使得模型获取某种能力。在训练的过程中，常常是将模型在数据集上面的拟合情况放在首要位置的。而推理过程在很多场景下，除了模型的精度外，还更加关注模型的大小和速度等指标。这就需要对训练的模型进行一些压缩、剪枝或者是操作上面的计算优化。

```python
def inference(self, img):
    input_data = self.imgPreprocessing(img)
    net_outs = self.onnx_run.inference(input_data)
```

```
        bboxes, kpss = getFaceBoxs(img, net_outs, input_size=(ai_cfg.INPUT_SIZE))
        tracked_boxes = self.ds.update(bboxes, img)
        self.predictions = [tracked_boxes, kpss]
        return self.predictions
```

如图 2-5-5 所示，将一张图片输入到模型，在经过图像预处理、模型推理之后得到勾画出人脸框的结果。

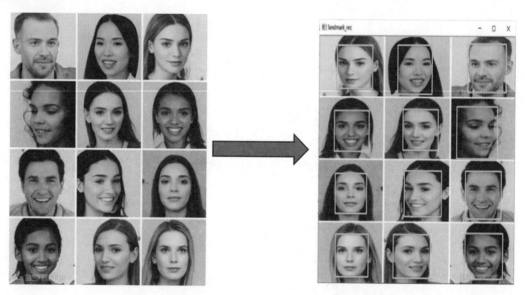

图 2-5-5　人脸检测算法推理结果

2. 目标检测模型部署

```
class DeepSort(object):
    def __init__(self, model_path, max_dist=0.2, min_confidence=0.3, nms_max_overlap=1,
max_iou_distance=0.7, max_age=70, n_init=3, nn_budget=100, use_cuda=True):
        self.min_confidence = min_confidence
        self.nms_max_overlap = nms_max_overlap
        self.extractor = Extractor(model_path)
        max_cosine_distance = max_dist
        nn_budget = 100
        metric = NearestNeighborDistanceMetric("cosine", max_cosine_distance, nn_budget)
        self.tracker = Tracker(metric, max_iou_distance=max_iou_distance, max_age= max_age,
n_init=n_init)
    def update(self, bbox_xywh, ori_img):
        self.height, self.width = ori_img.shape[:2]
        try:
            # generate detections
            features = self._get_features(bbox_xywh, ori_img)
```

```
            bbox_tlwh = self._xywh_to_tlwh(np.array(bbox_xywh))
            detections = [Detection(bbox_tlwh[i], features[i]) for i, box in enumerate(bbox_
xywh)]

            # update tracker
            self.tracker.predict()
            self.tracker.update(detections)
            # output bbox identities
            outputs = []
            for track in self.tracker.tracks:
                if not track.is_confirmed() or track.time_since_update > 1:
                    continue
                box = track.to_tlwh()
                # x1,y1,x2,y2 = self._tlwh_to_xyxy(box)
                x, y, w, h = box
                track_id = track.track_id
                outputs.append(np.array([x, y, w, h, track_id], dtype=np.int16))
            if len(outputs) > 0:
                outputs = np.stack(outputs, axis=0)
        except:
            outputs = []
        return outputs
```

　　该插件的输入是人脸框和人脸检测模型推理后的图像（在这定义为原图像），在原图像经过读取高和宽、提取特征、转换人脸框位置表达方式后，最后对每个检测到的人脸框实现目标跟踪，解决目标检测中出现的重复计数问题。最终函数输出跟踪结果如图 2-5-6 所示。

图 2-5-6　目标跟踪模型推理结果

3. 系统整体框架

使用深度学习目标检测算法实现人脸检测，通过目标跟踪算法避免重复计数，并结合可视化数据分析交互界面构建出客流统计分析系统，实现客流统计功能，整体架构如图 2-5-7 所示。

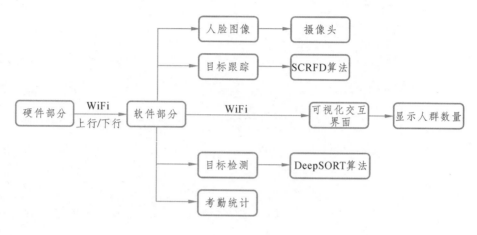

图 2-5-7　系统整体架构

4. 客流统计分析系统功能插件构建

客流统计分析系统开发采用 Python 多进程实现图像获取、图像识别、与硬件交互、结果可视化等任务。

```python
# 新建消息队列
q_flask = mp.Manager().Queue(2)        # 传递识别结果到网页
q_img = mp.Manager().Queue(1)          # 获取摄像头图像
q_rec = mp.Manager().Queue(1)          # 识别结果
mapOpenPlugin = dict()                 # 插件
mapClosePlugin = dict()
mapOpenPlugin[TaskType.IMAGE_GET_TASK] = (imgGetPluginRegist,
                            (q_flask, q_img, q_rec, full_dict))    # 图像获取
mapOpenPlugin[TaskType.IMAGE_REC_TASK] = (imgRecPluginRegist,
                            (q_img, q_rec))                        # 图像识别
mapOpenPlugin[TaskType.FLASK_TASK] = (flaskPluginRegist,
                            (htop, port, q_flask, full_dict))      # 网页端传递图像
for plugin in mapOpenPlugin:
    log.info(str(plugin) + "启动成功~")
    taskFunc, taskArgs = mapOpenPlugin[plugin]
    taskFunc(*taskArgs)                # 提交任务
    workFlow.busStart()                # 启动插件线程
```

1）目标检测功能插件实现

在目标检测功能插件中实现了人脸检测模型部署，利用深度学习目标检测算法实现了人脸检测任务，现将模型推理结果传递到客流计数功能插件实现识别结果绘制。

```python
class VideoThread(threading.Thread):
    def __init__(self, camera="0", q_flask:Queue=None,
                    q_img:Queue=None, q_rec:Queue=None):
        threading.Thread.__init__(self)
        self.cap = setCamera(camera)          # 网络摄像头
        self.q_flask = q_flask                # 消息队列传递
        self.q_img = q_img                    # 消息队列传递原始图像到识别插件
        self.q_rec = q_rec                    # 消息队列传递 AI 模型的推理结果
    def run(self):
        face_detect_pricet = []
        face_num = 0
        out_num = 0
        in_num = 0
        while True:
            if self.cap != "":
                ret, frame = self.cap.read()
                frame = cv2.resize(frame, (ai_cfg["cam_width"], ai_cfg["cam_height"]))
                # 原始图像传递
                if not self.q_img.full() and not frame is None:
                    self.q_img.put(bytearray(frame))
                # 识别结果绘制
                if not self.q_rec.empty():
                    face_detect_pricet = self.q_rec.get()
                frame, face_num, out_num, in_num = recImgDis(frame, face_detect_pricet,
face_num, out_num, in_num)
                # if in_num != 0 or out_num != 0:
                #     log.info("face_num:" + str(face_num))
                #     log.info("out_num:" + str(out_num))
                #     log.info("in_num:" + str(in_num))
                # 传递图像
                if not self.q_flask.full() and not frame is None:
                    self.q_flask.put(bytearray(frame))
                if config.IMG_DIS_FLAGE:
                    cv2.imshow("frame", frame)
```

```
              c = cv2.waitKey(25) & 0xff
              if c == 27:
                     break
```

2）目标跟踪功能插件实现

在目标跟踪功能插件中实现了目标检测跟踪模型部署，利用深度学习目标跟踪算法实现了目标跟踪任务，现将模型推理结果传递到客流计数功能插件实现识别结果绘制。

```
class DeepSort(object):
    def __init__(self, model_path, max_dist=0.2, min_confidence=0.3, nms_max_overlap=1,
max_iou_distance=0.7, max_age=70, n_init=3, nn_budget=100, use_cuda=True):
        self.min_confidence = min_confidence
        self.nms_max_overlap = nms_max_overlap
        self.extractor = Extractor(model_path)
        max_cosine_distance = max_dist
        nn_budget = 100
        metric = NearestNeighborDistanceMetric("cosine", max_cosine_distance, nn_budget)
        self.tracker = Tracker(metric, max_iou_distance=max_iou_distance, max_age= max_age,
n_init=n_init)
    def update(self, bbox_xywh, ori_img):
        self.height, self.width = ori_img.shape[:2]
        try:
            # generate detections
            features = self._get_features(bbox_xywh, ori_img)
            bbox_tlwh = self._xywh_to_tlwh(np.array(bbox_xywh))
            detections = [Detection(bbox_tlwh[i], features[i]) for i, box in enumerate(bbox_
xywh)]
            # update tracker
            self.tracker.predict()
            self.tracker.update(detections)
            # output bbox identities
            outputs = []
            for track in self.tracker.tracks:
                if not track.is_confirmed() or track.time_since_update > 1:
                    continue
                box = track.to_tlwh()
                # x1,y1,x2,y2 = self._tlwh_to_xyxy(box)
                x, y, w, h = box
                track_id = track.track_id
```

```
            outputs.append(np.array([x, y, w, h, track_id], dtype=np.int16))
        if len(outputs) > 0:
            outputs = np.stack(outputs, axis=0)
    except:
        outputs = []
    return outputs
```

项目六 人体姿态动作识别系统

【任务分析】

本项目采用人体关键点检测算法原理，实现人体姿态检测，构建跌倒预警系统实现人体姿态动作识别系统，然后构建 Web 显示界面对人体姿态识别结果进行可视化。学生需要掌握以下知识：一是学习神经网络数学模型基本概念；二是了解人体姿态行为动作检测算法与模型部署；三是了解人体姿态行为动作的动作识别算法实现；四是掌握利用人体姿态行为动作的动作识别模型，进行基于姿态检测的危险行为识别系统项目开发。

人体姿态识别的应用范围十分广泛，可用于人机交互、影视制作、运动分析、游戏娱乐等各种领域。人们可以利用人体姿态识别定位人体关节点运动轨迹并记录其运动数据，实现 3D 动画模拟人体运动来制作电影电视，也可以通过记录的轨道和数据对运动进行分析。例如体育健身，根据人体关键点信息，分析人体姿态、运动轨迹、动作角度等，辅助运动员进行体育训练，分析健身锻炼效果，提升教学效率；娱乐互动，视频直播平台、线下互动屏幕等场景，可基于人体检测和关键点分析，增加身体道具、体感游戏等互动形式，丰富娱乐体验；安防监控，实时监测定位人体，判断特殊时段、核心区域是否有人员入侵，基于人体关键点信息，进行二次开发，识别特定的异常行为，及时预警管控等。

人体姿态识别目前最为广泛的应用是在智能监控中。智能监控与一般普通监控的区别主要在于将人体姿态识别技术嵌入视频服务器中，运用算法，识别、判断监控画面场景中的动态物体——行人、车辆的行为，提取其中关键信息，当出现异常行为时，及时向用户发出警报。

世界卫生组织报告指出，全球每年有 30 余万人死于跌倒，其中一半是 60 岁以上老人。在我国，跌倒已成为 65 岁以上老人伤害死亡的"头号原因"。对于老人来说，摔倒无疑是对健康的一大威胁。

随着人口老龄化日渐严重，所以在固定场景下的人体姿态识别技术可被应用于家庭监控，如为了预防独居老人摔倒情况的发生，可以通过在家中安装识别摔倒姿态的智能监控设备，对独居老年人摔倒情况进行识别，当出现紧急情况时及时作出响应。

本项目案例主要应用于养老院或者智能家居中的其他应用场景，主要分为硬件和软件两部分。

（1）硬件部分：STM32F407 核心控制板、姿态检测传感器、LCD 显示屏、蜂鸣报警器。

（2）软件部分：TensorFlow 深度科学框架、MoveNet 姿态检测模型和 OpenCV 计算机视觉技术。

当姿态检测传感器检测到人体姿态为跌倒时，会自动触发报警系统，并将跌倒姿势显示在

LCD 屏上。

实现人体姿态动作识别系统分为三个任务：任务一主要实现人体姿态检测模型部署功能；任务二主要实现人体姿态动作识别算法功能；任务三主要实现人体姿态动作识别系统完整功能，如图 2-6-1 所示。

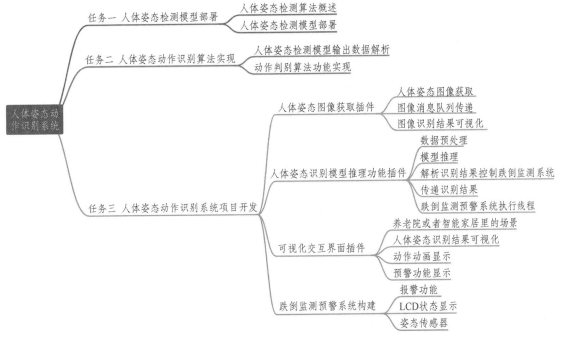

图 2-6-1　人体姿态动作识别系统项目开发框图

任务一　人体姿态检测模型部署

本项目使用 TensorFlow 搭建姿态检测模型 MoveNet 来实时识别人体姿态动作，如站立、行走、奔跑、蹲下、跳跃、摔倒等动作，并将人体姿态监测模型进行端侧部署。

1. 人体姿态识别概述

人体姿态识别主要分为基于计算机视角的识别和基于运动捕获技术的识别。基于计算机视觉的识别主要通过各种特征信息来对人体姿态动作进行识别，如视频图像序列、人体轮廓、多视角等。基于计算机视觉的识别可以比较容易获取人体运动的轨迹、轮廓等信息，但没有办法具体实现表达人体的运动细节，以及容易存在因遮挡而识别错误等问题。基于运动捕获技术的人体姿态识别，则是通过定位人体的关节点、储存关节点运动数据信息来识别人体运动轨道。相较于计算机视角的人体姿态识别，基于运动捕获技术的人体姿态识别可以更好地反映人体姿态信息，也可以更好地处理和记录运动细节，不会因为物体颜色或被遮挡而影响运动轨道的识别。图 2-6-2 所示为人体姿态关键点检测示例。

图 2-6-2　人体姿态关键点检测

2. 人体姿态识别实现原理

谷歌研究院推出了最新的姿态检测模型 MoveNet，并在 TensorFlow.js 中推出了新的姿态检测 API，该模型可以非常快速、准确地检测人体的 17 个关键节点，能够以 50+FPS 的速度在笔记本式计算机和手机上运行。

目前，MoveNet 有两个版本以提供性能的权衡。Lightning 版本时效性更快，但是产生的结果可能准确率不高；Thunder 版本时效性稍微慢一点，但准确率更高。因此，可以看到 Thunder 模型的关键点得分通常会比 Lightning 略高。

人体姿态关键点检测，是指在图像中把人身体的各个关键点预测出来。而人体姿态估计，是指将图片中已检测到的人体关键点正确地联系起来，从而估计人体姿态。人体关键点通常是指人体上有一定自由度的关节，如颈部、肩部、腕部、手部等，如图 2-6-3 所示。

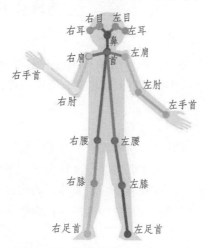

图 2-6-3　人体姿态 17 个关键点

17 个关键点所对应的人体部位包括 0 鼻子、1 左眼、2 右眼、3 左耳、4 右耳、5 左肩、6 右肩、7 左肘、8 右肘、9 左腕、10 右腕、11 左胯、12 右胯、13 左膝、14 右膝、15 左踝、16 右踝。

通过人体关键点在三维空间中的相对位置随时间序的变化，来估计当前人体的姿态动作。通过一段连续时间范围内人体关键点的位置变化，可以抽象分析出人体的行为意图，如判断人的肢体动作，如图 2-6-4 所示。

图 2-6-4　人体姿态动作

3. 人体姿态识别模型部署流程

人体姿态识别的模型部署流程：先进行图片输入，使用 MoveNet 姿态检测模型提取人体姿态关键点，再将人体姿态骨骼图数据集进行模型训练，最后将训练的模型进行部署与测试，如图 2-6-5 所示。

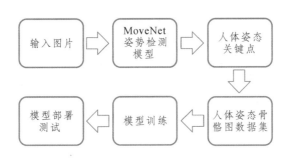

图 2-6-5　人体姿态识别模型部署流程

1）MoveNet 模型框架

MoveNet 是自下而上的估计模型，使用热图来精确定位人体关键点。该架构由两个部分组成：特征提取器和一组预测头。预测方案大致遵循 CenterNet，但相较该架构而言大幅提升了速度和准确性。所有模型均使用 TensorFlow 对象检测 API 进行训练。MoveNet 中的特征提取器是 MobileNetV2，带有附加的特征金字塔网络（FPN），可以实现高分辨率（输出步长为 4）且语义丰富的特征图输出，如图 2-6-6 所示。特征提取器上附带 4 个预测头，负责密集预测。

（1）人体中心热图：预测人体实例的几何中心。

（2）关键点回归场：预测人体的完整关键点集，用于将关键点分组到实例中。

（3）人体关键点热图：独立于人体实例，预测所有关键点的位置。

（4）每个关键点的 2D 偏移场：预测从每个输出特征图像素到每个关键点的精确子像素位置的局部偏移量。

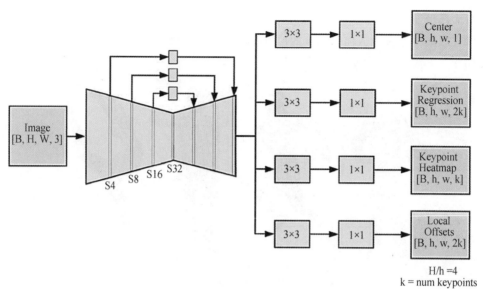

图 2-6-6　MoveNet 框架

2）模型操作

步骤 1：人体中心热图用于识别框架中所有个人的中心，定义为属于个人的所有关键点的算术平均值，选择得分最高的位置（通过与框架中心的反距离加权）。

步骤 2：通过对象中心对应的像素分割关键点回归输出来生成该人体的初始关键点集。由于这是中心向外的预测（必须在不同的尺度上操作），所以回归关键点的质量不会特别准确。

步骤 3：关键点热图中的每个像素都乘以一个权重，该权重与相应回归关键点的距离成反比。这可以确保不接受来自背景人物的关键点，因为他们通常不会靠近回归的关键点，因此得分较低。

步骤 4：通过检索每个关键点通道中最大热图值的坐标来选择关键点预测的最终集合。然后将局部 2D 偏移量预测添加到这些坐标以给出精确的估计，如图 2-6-7 所示。

Step 1
Weight the object center heatmap based on the inverse distance from frame center. Compute the location of the maximum heatmap value.

Step 2
Slice out the keypoint regression vector at the peak center location.

Step 3
Weight each keypoint heatmap based on the inverse distance from the regressed location. This attenuates the scores from the background keypoints.

Step 4
Compute thelocation of the maximum heatmap value, and add the local 2D offset at that location.

图 2-6-7　MoveNet 模型操作

3）模型训练

准备好姿势检测模型 MoveNet，使用 MoveNet 对人体的 RGB 图片数据集进行识别，得到人体姿态骨骼数据集，输出 17 个人体关节点，画出骨骼图，如图 2-6-8 所示。

图 2-6-8　MoveNet 17 个人体关节骨骼

如图 2-6-9 所示，将骨骼数据集分为训练集与测试集。

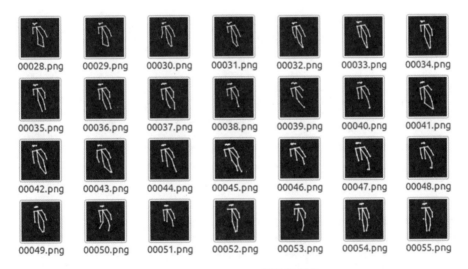

图 2-6-9　MoveNet 骨骼数据集

将准备数据集在 TensorFlow 深度学习框架下训练，构建全连接神经网络层，生成测试模型。

4）模型部署

加载 tflite 模型，读取模型，分配张量，获取输入层、输出层维度和输入数据的形状。

```
self.interpreter = tflite.Interpreter(model_path=model_path)
self.interpreter.allocate_tensors()
self.model_name = model_name
self.input_details = self.interpreter.get_input_details()
self.output_details = self.interpreter.get_output_details()
print(self.model_name + "_input_shape", self.input_details[0]['shape'])
```

```
print(self.model_name + "_input_details", self.input_details)
print(self.model_name + "_output_datalis", self.output_details)
获取输出层数据进行模型推理:
input_data = img
self.interpreter.set_tensor(self.input_details[0]['index'], input_data)
self.interpreter.invoke()        # 推理
output_data1 = self.interpreter.get_tensor(self.output_details[0]['index'])        # 获取输出层数据
return output_data1
```

任务二 人体姿态动作识别算法实现

1. 人体姿态检测模型输出数据解析

将部署完成的模型调用，解析模型输出结果，对原图像进行关键点绘制，将绘制的关键点进行连线，模型测试效果如图 2-6-10 所示。

```
keypoints_xy, edges_xy, edge_colors = _keypoints_and_edges_for_display(predictions[0],

ai_cfg.CAM_HEIGHT,

ai_cfg.CAM_WIDTH)
    drawLine(edges_xy, img, edge_colors)
    img, human_action = humanAction(img, keypoints_xy)
```

```
[2021-08-30 20:16:03,242] [embedded_drive.py:86] [embedded_drive:run] [INFO]- [ 85 221    1 187]
[2021-08-30 20:16:03,272] [embedded_drive.py:86] [embedded_drive:run] [INFO]- [ 85 221    1 187]
[2021-08-30 20:16:03,307] [embedded_drive.py:86] [embedded_drive:run] [INFO]- [ 85 221    1 187]
[2021-08-30 20:16:03,337] [embedded_drive.py:86] [embedded_drive:run] [INFO]- [ 85 221    1 187]
[2021-08-30 20:16:03,369] [embedded_drive.py:86] [embedded_drive:run] [INFO]- [ 85 221    1 187]
[2021-08-30 20:16:03,400] [embedded_drive.py:86] [embedded_drive:run] [INFO]- [ 85 221    0 187]
[2021-08-30 20:16:03,429] [embedded_drive.py:86] [embedded_drive:run] [INFO]- [ 85 221    0 187]
[2021-08-30 20:16:03,468] [embedded_drive.py:86] [embedded_drive:run] [INFO]- [ 85 221    1 187]
[2021-08-30 20:16:03,510] [embedded_drive.py:86] [embedded_drive:run] [INFO]- [ 85 221    0 187]
[2021-08-30 20:16:03,542] [embedded_drive.py:86] [embedded_drive:run] [INFO]- [ 85 221    0 187]
[2021-08-30 20:16:03,576] [embedded_drive.py:86] [embedded_drive:run] [INFO]- [ 85 221    0 187]
[2021-08-30 20:16:03,604] [embedded_drive.py:86] [embedded_drive:run] [INFO]- [ 85 221    0 187]
[2021-08-30 20:16:03,638] [embedded_drive.py:86] [embedded_drive:run] [INFO]- [ 85 221    0 187]
[2021-08-30 20:16:03,672] [embedded_drive.py:86] [embedded_drive:run] [INFO]- [ 85 221    0 187]
[2021-08-30 20:16:03,701] [embedded_drive.py:86] [embedded_drive:run] [INFO]- [ 85 221    0 187]
[2021-08-30 20:16:03,735] [embedded_drive.py:86] [embedded_drive:run] [INFO]- [ 85 221    0 187]
[2021-08-30 20:16:03,764] [embedded_drive.py:86] [embedded_drive:run] [INFO]- [ 85 221    0 187]
[2021-08-30 20:16:03,799] [embedded_drive.py:86] [embedded_drive:run] [INFO]- [ 85 221    0 187]
[2021-08-30 20:16:03,830] [embedded_drive.py:86] [embedded_drive:run] [INFO]- [ 85 221    0 187]
[2021-08-30 20:16:03,863] [embedded_drive.py:86] [embedded_drive:run] [INFO]- [ 85 221    0 187]
```

图 2-6-10 模型测试效果

2. 基本动作判别算法实现

1）站立动作识别

当人体关键点成为一条直线，且关键点之间的连线斜率为 0 时，就判断该动作为站立。

```
action_index = 0
```

2）行走动作识别

行走动作识别主要是基于左膝盖与左脚踝或者右膝盖与右脚踝关键点之间的连线斜率，当斜率大于 0.3 时，就判断该动作为行走。

```
elif (math.fabs(

(keypoints_xy[13][0] - keypoints_xy[15][0]) / (keypoints_xy[13][1] - keypoints_xy[15][1])) >
0.3or  math.fabs(  (keypoints_xy[14][0]  -  keypoints_xy[16][0])  /  (keypoints_xy[14][1]  -
keypoints_xy[16][1])) > 0.3):
        if action_index == 0:
            action_index = 9
            img = putText(img, "行走", (0, 110))
```

3）蹲下动作识别

蹲下动作识别主要基于左臀与左脚踝或者右臀与右脚踝关键点之间的连线斜率，当斜率大于 0.5 小于 2 时，就判断该动作为蹲下。

```
elif (0.5 < math.fabs(
        (keypoints_xy[11][1] - keypoints_xy[15][1]) / (keypoints_xy[11][0] - keypoints_xy[15]
[0])) < 2
        or 0.5 < math.fabs(
            (keypoints_xy[12][1] - keypoints_xy[16][1]) / (keypoints_xy[12][0] - keypoints_xy
[16][0])) < 2):
    if action_index == 0:
            action_index = 8
            # cv2.putText(img, 'Squat', (0, 110), cv2.FONT_HERSHEY_SIMPLEX, 0.7,
            #                 (0, 0, 255), 2)
            img = putText(img, "蹲下", (0, 110))
```

4）摔倒动作识别

摔倒动作识别主要基于左臀与左脚踝或者右臀与右脚踝关键点之间的连线斜率，当斜率小于 0.5 时，就判断该动作为摔倒。

```
elif (math.fabs(
(keypoints_xy[11][1] - keypoints_xy[15][1]) / (keypoints_xy[11][0] - keypoints_xy[15][0])) < 0.5
        or math.fabs(
```

```
                    (keypoints_xy[12][1] - keypoints_xy[16][1]) / (keypoints_xy[12][0] - keypoints_
xy[16][0])) < 0.5):1
         if action_index == 0:
            action_index = 5
            # cv2.putText(img, 'WARNING: Someone is falling down!', (0, 110), cv2.FONT_
HERSHEY_SIMPLEX, 0.7,
            #                   (0, 0, 255), 2)
            img = putText(img, "警告：有人摔倒！！", (0, 110))
```

任务三　人体姿态动作识别系统项目开发

1. 系统框架结构分析

系统框架结构分为硬件和软件两部分，充分体现出嵌入式人工智能理念，硬件与软件的完美结合，实现人体姿态动作识别系统。

1）硬件部分

硬件部分实现的过程整体框架如图 2-6-11 所示。姿态检测传感器对人体姿态的动作进行数据采集与识别，并将识别结果显示在 LCD 显示屏，核心控制板通过 WiFi 通信将采集识别到的数据上传给软件部分，软件部分在接收完数据之后，识别为跌倒动作时，立即下行数据给核心控制板，控制 RGB 灯闪烁，发出警报声。

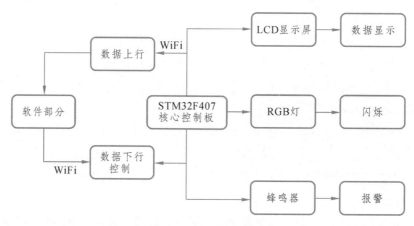

图 2-6-11　硬件部分框架

2）软件部分

软件部分实现的过程整体框架如图 2-6-12 所示。通过 OpenCV 计算机技术，对图像进行获取，软件部分通过 WiFi 接收硬件部分传来的数据，使用 TensorFlow 深度学习框架 MoveNet 模型进行数据预处理、模型推理、训练，对生成的模型进行动作判断识别，并通过 WiFi，将识别的动作与可视化交互界面联动起来，可实现站立、行走、奔跑、蹲下、跳跃、跌倒等动画图像。当识别为跌倒动作时，通过 WiFi 立即发送下行控制指令发送给 STM32F407 核心控制板，控制蜂鸣器发出报警声。

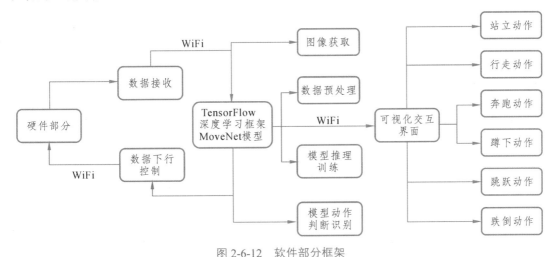

图 2-6-12 软件部分框架

2. 人体姿态动作识别功能插件构建

1）本次人体姿态动作识别系统开发

采用 Python 多进程实现图像获取、图像识别、嵌入式系统数据交互、结果可视化等任务。首先构建人体姿态图像获取、人体姿态动作图像识别、网页端图像传递、跌倒检测预警系统数据接收与发送共 4 个功能插件。

```
q_flask = mp.Manager().Queue(5)      # 传递识别结果到网页
q_img = mp.Manager().Queue(1)        # 获取摄像头图像
q_rec = mp.Manager().Queue(1)        # 识别结果
q_send = mp.Manager().Queue(2)       # 发送控制指令消息队列
full_dict = mp.Manager().dict({cfg.POSEN_STATIC: 4})   # 全局数据共享
mapOpenPlugin = dict()
mapClosePlugin = dict()
mapOpenPlugin[TaskType.IMAGE_GET_TASK] = (imgGetPluginRegist,      # 人体图像获取
插件
                                          (q_flask, q_img, q_rec, q_send, full_dict))
mapOpenPlugin[TaskType.IMAGE_REC_TASK] = (imgRecPluginRegist,   # 人体姿态动作图
像识别插件
                                          (q_img, q_rec))
mapOpenPlugin[TaskType.FLASK_TASK] = (flaskPluginRegist,            # 网页端 GUI 界
面插件
                                          (htop, port, q_flask, full_dict))
```

```
    mapOpenPlugin[TaskType.EMD_READ_SEND] = (emdPluginRegist,        # 嵌入式系统数
据交互插件-

                                                    (q_send, full_dict))
    for plugin in mapOpenPlugin:
    log.info(str(plugin) + "启动成功~")
        taskFunc, taskArgs = mapOpenPlugin[plugin]
        taskFunc(*taskArgs)    # 提交任务
        workFlow.busStart()
```

2）人体姿态图像获取功能插件实现

实现第一个功能插件——人体姿态图像获取功能插件，调用摄像头获取人体姿态图像，获取人体姿态结果消息队列，并调用函数实现识别结果绘制，以及将结果传递到 web 网页端。

```
class VideoThread(threading.Thread):
    def __init__(self, camera="0", q_flask: Queue=None,
                    q_img: Queue=None, q_rec: Queue=None, q_send=None, full_dict=None):
        threading.Thread.__init__(self)
        self.cap = setCamera(0)        # 网络摄像头
        self.q_flask = q_flask          # 消息队列传递绘制识别结果后的图像到 Web 显示插件
        self.q_img = q_img              # 消息队列传递原始图像到识别插件
        self.q_rec = q_rec              # 消息队列传递 AI 模型的推理结果
        self.embd_drive = EmbdDrive(q_send)2
        self.full_dict = full_dict
    def run(self):
        move_pricet = []
        while True:
            if self.cap != "":
                ret, frame = self.cap.read()
                frame = cv2.resize(frame, (ai_cfg.CAM_WIDTH, ai_cfg.CAM_HEIGHT))
                # 原始图像传递
                if not self.q_img.full() and not frame is None:
                    self.q_img.put(bytearray(frame))
                # 识别结果绘制
                if not self.q_rec.empty():
                    move_pricet = self.q_rec.get()
                frame, human_action = recImgDis(frame, move_pricet)
                # 赋值识别到的姿态动作
```

```
self.full_dict[config.POSEN_STATIC] = human_action 图
# 根据识别结果控制嵌入式设备
if human_action == 5:
    controlEmbedded(self.embd_drive, 1)
else:
    controlEmbedded(self.embd_drive, 0)
# 传递图像到 web 显示界面中
if not self.q_flask.full() and not frame is None:
    self.q_flask.put(bytearray(frame))
```

3）人体姿态识别模型推理功能插件实现

实现第二个功能插件——人体姿态识别模型推理插件。在任务一中已经进行人体姿态识别模型部署，利用深度学习 MoveNet 算法实现了人体姿态动作识别功能，调用函数实现模型推理，并将模型推理结果进行传递。

```
class FaceMaskRecThread(threading.Thread):
    def __init__(self, q_img:Queue=None, q_rec:Queue=None, model_path=ai_cfg.MOVE_
MODEL_PATH):
        threading.Thread.__init__(self)
        self.q_img = q_img              # 消息队列传递原始图像到识别插件
        self.q_rec = q_rec              # 消息队列传递 AI 模型的推理结果
        self.move_rec = MoveRec(model_path=model_path)
    def run(self):
        while True:
            if self.q_img.empty():
                continue
            else:
                image = self.q_img.get()
                if image != False:
                    image = np.array(image).reshape(ai_cfg.CAM_HEIGHT, ai_cfg.CAM_
WIDTH, 3)
                else:
                    break
            move_pricet = self.move_rec.inference(image)
            if self.q_rec.full():
                continue
            else:
                self.q_rec.put(move_pricet)
```

4）可视化交互界面插件实现

实现第三个功能插件——可视化交互界面插件。识别结果主要是站立、蹲下、行走、摔倒等动作，将动作传递到 Web 端，Web 端获取到识别结果并展示。

```python
class FlaskTask():
    def __init__(self):
        global app
    def onExit(self):
        pass
    def worker(self, host="127.0.0.1", port=8082, q_flask=None, full_dict=None):
        setStatus(full_dict)
        @app.route('/', methods=['GET', 'POST'])
        def base_layout():
            return render_template('index.html')
        def camera():
            while True:
                if q_flask.empty():
                    continue
                else:
                    img = q_flask.get()
                    if img != False:
                        img = np.array(img).reshape(ai_cfg.CAM_HEIGHT, ai_cfg.CAM_
WIDTH, 3)
                        ret, buf = cv2.imencode(".jpeg", img)
                        yield (
                            b"--frame\r\nContent-Type: image/jpeg\r\n\r\n" + buf.tobytes() +
b"\r\n\r\n"
                        )
        @app.route("/videostreamIpc/", methods=["GET"])
        def videostreamIpc():
            return Response(
                camera(), mimetype="multipart/x-mixed-replace; boundary=frame"
            )
        app.run(host=host, port=port, threaded=True)
        log.info("flask 已成功启动！！ ")
```

跌倒检测预警系统功能实现：身体动作具有突发性、剧烈性和短暂性。在变化过程中，人身体倾斜导致角度发生变化，同时也伴随着身体加速度的变化。将加速度和角度的突然变化作为检测跌倒的重要量化标志，建立人体在自然站立状态下的传感器采集方向一致的坐标系，如图 2-6-13 所示。

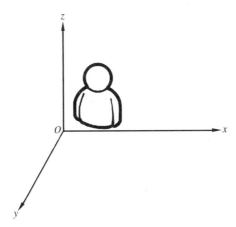

图 2-6-13　人体坐标系

底层硬件代码如下：

```
void MPU6050_WHILE()              //6050 检测
{
unsigned char i = 10;
unsigned char init_0 = 0;
do
    {
    while(MPU_Init())
    {
        init_0 ++;
        if(init_0 == 240);
    }
    }while(i--);
}
```

底层与软件交互通信协议定义代码如下：

```
FRAME_LEN = 11
"""通信协议"""
FRAME_HEAD = 0x55     # 包头
FRAME_TAIL = 0xBB     # 包尾
""帧头第二位"'
MAIN_CAR = 0xCC
```

5）嵌入式系统数据交互功能插件实现

实现第四个功能插件——嵌入式系统数据交互功能插件，主要是软件部分，涉及识别到跌倒动作时与底层发送报警控制功能。

```
class DataReadSend(object):
    def __init__(self):
        pass
    def onExit(self):
        pass
    # 执行函数,
    def worker(self, q_send:mp.Queue, full_data=None):
        clien = clientMode()
        embeddedDataThreadRun(clien, q_send, full_data)
        log.info("数据接收与发送进程启动成功!! ")
```

3. 项目案例功能演示

首先在嵌入式 AI 端侧推理平台中部署人体姿态动作识别模型,检测人体站立、行走、蹲下、摔倒等动作,当识别到跌倒动作时,会立即下发数据给底层,控制智能节点核心控制板发出报警声,最后通过 Web 前端实现人体姿态动作识别数据可视化,效果如图 2-6-14 所示。

图 2-6-14 跌倒检测示例

项目⑦　车牌识别闸机控制系统

【项目分析】

本项目首先实现车牌数据采集，然后利用深度学习神经网络算法进行车牌检测和车牌识别，最后根据识别结果对闸机进行控制，以及采用 LCD 屏幕显示车牌识别结果。学生需要掌握以下知识：一是学习神经网络数学模型基本概念；二是学习损失函数、优化器的基本概念；三是掌握神经网络模型训练的基本流程；四是掌握使用神经网络解决车牌识别问题的方法；五是掌握嵌入式系统开发基本流程。

1. 车牌识别概述

车牌识别系统是计算机视频图像识别技术在车辆牌照识别中的一种应用，能够将运动中的车辆牌照信息（包括汉字字符、英文字母、阿拉伯数字及号牌颜色）从复杂的背景中提取并识别出来，通过车牌提取、图像预处理、特征提取、车牌字符识别等技术，识别车辆牌号、颜色等信息。目前对车牌的字母和数字的识别率均可达到 99%以上。

根据应用条件和要求的不同，车牌识别产品也有多种类型。从实现模式来说，分为软识别和硬识别两种。

软识别，即车牌识别软件，基本是安装在 PC 端、服务器端，前端硬件设备采集视频或抓拍图片，传输到后端带有识别软件识别端进行识别。这种技术多数应用在前期模拟相机时代的停车场、高速公路、电子警察，但这种方式对分析端要求较高，如中间传输出现中断或者后端出现重启情况，就无法实时进行识别。特别是在一些小型场景，如停车场、加油站、新能源电动车充电站、PC 在岗亭或者机房，经常由于温度、潮湿等条件影响，会存在不稳定情况；另外，在特定场景，由于天气、复杂环境、角度影响，识别率迟迟达不到很高标准，所以软识别已经很少使用。

硬识别，即前端实现视频图像采集处理、自动补光，自适应各种复杂环境，车辆号码自动识别并输出一体化设备。这种模式采用嵌入式技术，把深度学习算法植入专用摄像机硬件中，具有运算速度快、器件体积小、稳定性强、自适应能力强等特点。

当前，车牌识别技术已经广泛应用于停车管理、称重系统、静态交通车辆管理、公路治超、公路稽查、车辆调度、车辆检测等各种场合，对于维护交通安全和城市治安，防止交通堵塞，实现交通自动化管理有着现实意义。

车牌识别技术是智慧停车场系统中的重要组成部分。智慧停车场管理的第一个任务就是车牌识别模型部署。图 2-7-1 所示为车牌识别系统开发流程图，获取到车牌图像后便可以进行车牌识别模型部署任务。

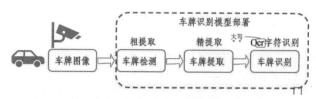

图 2-7-1　车牌识别系统开发流程图

车牌识别模型部署主要分为三个步骤：首先，提取出图像中的车牌大致位置；然后，利用透视变换和垂直精细绘图提取出车牌的精确位置；最后，利用 OCR（Optical Character Recognition，光学字符识别）识别出车牌号并输出。车牌提取详细流程如图 2-7-2 所示。

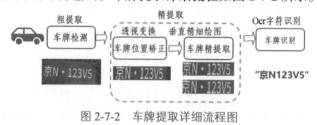

图 2-7-2　车牌提取详细流程图

2. 闸机控制系统概述

实现车牌识别之后就可以确定是否放行，然后控制道闸打开或者关闭。闸机控制系统流程如图 2-7-3 所示。

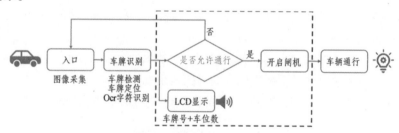

图 2-7-3　闸机控制系统流程图

闸机系统底层功能实现结构分析流程图如图 2-7-4 所示，识别到车牌信息后，通过 WiFi 通信协议将识别结果发送给智能节点核心控制板，智能节点核心控制板再通过串口控制舵机执行器开启，同时语音识别模块自动播报闸机状态及识别的车牌和车位数信息。LCD 显示屏将识别的车牌号和车位数量信息进行显示。智能节点核心控制板再将底层实现的功能数据通过 WiFi 通信协议上传。

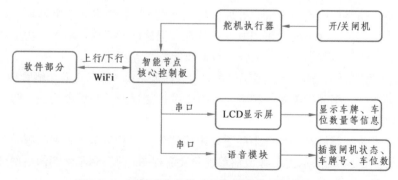

图 2-7-4　闸机系统底层功能实现结构分析流程图

任务一　车牌识别模型部署

1. 车牌粗定位

首先对车牌进行初步检测定位，检测出车牌的大致位置。对图像进行一些插补和调整图像大小比例，然后核心的部分是 cascade 级联分类器的应用。这里的级联分类器是基于 Haar+Adaboost 构成的，也即 cascade.xml 文件，该文件存放了一些车牌的 Haar 特征。

这里采用 cascade.xml 检测模型，然后使用 OpenCV 的 detectMultiscale 的方法来对图像进行滑动窗口遍历寻找车牌，实现车牌的粗定位。

```
# 实现车牌粗定位
watch_cascade = cv2.CascadeClassifier("cascade.xml")  # 加载车牌检测的级联分类器
# 获取车牌粗定位区域。image_gray：灰度图。
def detectPlateRough(watch_cascade, image_gray, resize_h=720, en_scale=1.08, top_bottom_padding_rate=0.05):
    if top_bottom_padding_rate > 0.2:
        print("error:top_bottom_padding_rate > 0.2:", top_bottom_padding_rate)
        exit(1)
    height = image_gray.shape[0]
    padding = int(height * top_bottom_padding_rate)
    scale = image_gray.shape[1] / float(image_gray.shape[0])
    image = cv2.resize(image_gray, (int(scale*resize_h), resize_h))
    image_color_cropped = image[padding:resize_h-padding, 0:image_gray.shape[1]]
    image_gray = cv2.cvtColor(image_color_cropped, cv2.COLOR_RGB2GRAY)5
        # 滑动窗口遍历寻找车牌
    watches = watch_cascade.detectMultiScale(image_gray, en_scale, 2, minSize=(36, 9), maxSize=(36*40, 9*40))
    cropped_images = []
    for (x, y, w, h) in watches:
        # 从图形中剪裁车牌区域
        cropped_origin = cropped_from_image(image_color_cropped, (int(x), int(y), int(w), int(h)))
        x -= w * 0.14
        w += w * 0.28
        y -= h * 0.6
        h += h * 1.1
        cropped = cropped_from_image(image_color_cropped, (int(x), int(y), int(w), int(h)))
        # 将找到的所有车牌存放入列表
```

```
        cropped_images.append([cropped, [x, y+padding, w, h], cropped_origin])
    return cropped_images  # 返回车牌位置
```

其中，detectMultiscale()函数为多尺度多目标检测。多尺度通常搜索目标的模板尺寸大小是固定的，但不同图片大小不同，目标对象的大小也是不定的，因此多尺度即不断缩放图片大小（缩放到与模板匹配），通过模板滑动窗函数搜索匹配。同一幅图片可能在不同尺度下都得到匹配值，所以多尺度检测函数 detectMultiscale()是多尺度合并的结果。

因此，cascade.xml 这个文件是通过很多的正样本车牌图片和负样本非车牌图片转换的 cascade.xml 文件，其中的 Haar 特征数据已经过 Adaboost 处理。通过这个 xml 文件就可以训练出一个级联分类器，该分类器的判别车牌标准是通过计算大量车牌特征后得出的一个阈值，大于这个阈值判别为车牌，否则判别为非车牌，如图 2-7-5 所示。通过该方法就得到了图像中车牌的粗定位。

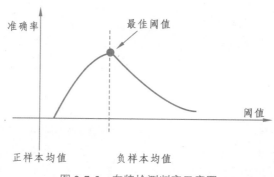

图 2-7-5　车牌检测判定示意图

粗定位后的图像如图 2-7-6 所示。

图 2-7-6　车牌粗定位

2. 车牌精定位

对车牌进行粗定位后，再对车牌进行精定位。这里的精定位其实就是切掉原来粗定位后车牌的多余部分，这里使用首先使用透视变换矫正车牌位置，然后调用 tflite 模型实现垂直精细绘图方法输出车牌精定位。

使用 OpenCV 的 getPerspectiveTransform()和 warpPerspective()函数实现透视变换，矫正图像中的车牌位置。

```
# 透视变换实现车牌矫正
def findContoursAndDrawBoundingBox(image_rgb):
    line_upper   = []
    line_lower = []
    line_experiment = []
    gray_image = cv2.cvtColor(image_rgb,cv2.COLOR_BGR2GRAY)
```

```
        for k in np.linspace(-50, 0, 15):
            binary_niblack = cv2.adaptiveThreshold(gray_image,255,cv2.ADAPTIVE_THRESH_
MEAN_C,cv2.THRESH_BINARY,17,k)   # 自适应阈值二值化
            contours, hierarchy = cv2.findContours(binary_niblack.copy(),cv2.RETR_ EXTERNAL,
cv2.CHAIN_APPROX_SIMPLE)
            for contour in contours:
                bdbox = cv2.boundingRect(contour)
                if (bdbox[3]/float(bdbox[2])>0.7 and bdbox[3]*bdbox[2]>100 and bdbox[3]*bdbox[2]<1200)
or (bdbox[3]/float(bdbox[2])>3 and bdbox[3]*bdbox[2]<100):
                    line_upper.append([bdbox[0],bdbox[1]])
                    line_lower.append([bdbox[0]+bdbox[2],bdbox[1]+bdbox[3]])
                    line_experiment.append([bdbox[0],bdbox[1]])
                    line_experiment.append([bdbox[0]+bdbox[2],bdbox[1]+bdbox[3]])
        rgb = cv2.copyMakeBorder(image_rgb,30,30,0,0,cv2.BORDER_REPLICATE)   # 边缘填充
        leftyA, rightyA = fitLine_ransac(np.array(line_lower), 3)
        leftyB, rightyB = fitLine_ransac(np.array(line_upper), -3)
        rows,cols = rgb.shape[:2]
        pts_map1 = np.float32([[cols - 1, rightyA], [0, leftyA], [cols - 1, rightyB], [0, leftyB]])
        pts_map2 = np.float32([[136,36],[0,36],[136,0],[0,0]])
        mat = cv2.getPerspectiveTransform(pts_map1,pts_map2)   # 透视变换
        image = cv2.warpPerspective(rgb,mat,(136, 36),flags=cv2.INTER_CUBIC)   # 透视变换
        image, M = fastDeskew(image)   # 图像矫正
        return image   # 返回矫正后的图像
```

矫正后的图像如图 2-7-7 所示。

图 2-7-7　车牌矫正

调用 tflite 模型实现垂直精细绘图方法输出车牌精定位。

```
# 加载 tflite 模型
class TfliteRun:
    def __init__(self, model_name="model12", model_path=POSENET_MODEL):
        """
        model_name: 模型名称
        model_path: 模型路径
        """
        self.interpreter = tflite.Interpreter(model_path=model_path)   # 读取模型
        self.interpreter.allocate_tensors()                            # 分配张量
```

```
            self.model_name = model_name
            # 获取输入层和输出层维度
            self.input_details = self.interpreter.get_input_details()
            self.output_details = self.interpreter.get_output_details()
        # 实现模型推理
        def inference(self, img):
            input_data = img
            self.interpreter.set_tensor(self.input_details[0]['index'], input_data)
            self.interpreter.invoke()        # 模型推理
            output_data1 = self.interpreter.get_tensor(self.output_details[0]['index'])        # 获取输
出层数据
            return output_data1


    # 模型推理
    class model12Rec(object):
        def __init__(self, model_path=L12REC_PATH):
            self.tflite_run = TfliteRun(model_path=model_path)    # 加载 tflite 模型
        def imgPreprocessing(self, img):
            resized = cv2.resize(img, (66, 16))
            resized = resized.astype(np.float32) / 255
            resized = resized[np.newaxis, :]
            return resized
        def inference(self, img):
            img = self.imgPreprocessing(img)        # 图片预处理
            return self.tflite_run.inference(img)[0]    # 模型推理


    # 定义垂直精细绘图函数
    def finemappingVertical(res, image):
        print("keras_predict", res)
        res = res*image.shape[1]
        res = res.astype(np.int16)
        H,T = res
        H -= 3
        if H < 0:
            H = 0
        T += 2
        if T >= image.shape[1]-1:
            T = image.shape[1]-1
        image = image[0:35, H:T+2]
```

```
        image = cv2.resize(image, (int(136), int(36)))
return image  # 返回车牌精定位图片


model12_rec = model12Rec("model12.tflite")
plate = finemappingVertical(self.model12_rec.inference(plate), plate)  # 输入矫正后的车牌,
调用模型实现垂直精细绘图,输出车牌精定位。
```

精定位后的图像如图 2-7-8 所示。

图 2-7-8　车牌精定位

3. 车牌识别实现

确定好车牌的位置后,对该车牌字符信息进行识别,最终输出车牌号。车牌字符信息识别采用 OCR 字符识别技术,也就是在不分割字符的前提下能够识别出车牌一共 7 个字符。传统的车牌字符识别就是先分割字符,然后再逐一使用分类算法进行识别。不分割字符直接识别方式的优点就是仅需要较少的字符样本即可用于分类器的训练。目前大多数商业车牌识别软件采用的就是这种方法。如果在某些恶劣的自然情况下,车牌字符的分割和识别就变得尤其困难,传统的方法并不能取得很好的结果,这时候也可以采用整体识别方式。通常车牌由 7 个字符组成,就可以采用多标签分类的方法直接输出多个标签,如图 2-7-9 所示。

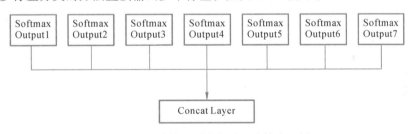

图 2-7-9　车牌识别多标签分类输出示例

输入车牌精定位图片,加载 OCR 字符识别模型返回字符识别结果。

```python
import onnxruntime as ort
# 加载 ONNX 模型,识别字符
class OnnxRun:
    def __init__(self, model_name="ocr_rec", model_path="ocr_rec.onnx"):
        """
        model_name: 模型名称
        model_path: 模型路径
        """
        self.model_name = model_name
        self.ort_session = ort.InferenceSession(model_path)
        self.input_name = self.ort_session.get_inputs()[0].name
```

```
        input = self.ort_session.get_inputs()
        output = self.ort_session.get_outputs()
    # 模型推理
    def inference(self, img):
        input_data = img
        return self.ort_session.run(None, {self.input_name: input_data})
```

加载字符标签文件解析 OCR 字符识别模型推理结果，输出车牌字符

```
class ProcessPred(object):
    # 获取字符识别标签文件
    def __init__(self, character_dict_path=None, character_type='ch', use_space_char=False):
        self.character_str = ''
        with open(character_dict_path, 'rb') as fin:
            lines = fin.readlines()
            for line in lines:
                line = line.decode('utf-8').strip('\n').strip('\r\n')
                self.character_str += line
        if use_space_char:
            self.character_str += ' '
        dict_character = list(self.character_str)
        dict_character = self.add_special_char(dict_character)
        self.dict = {}
        for i, char in enumerate(dict_character):
            self.dict[char] = i
        self.character = dict_character
    def add_special_char(self, dict_character):
        dict_character = ['blank'] + dict_character
        return dict_character
```

最后返回车牌识别结果，如图 2-7-10 所示。

['’京N·123V5’]

图 2-7-10　车牌识别结果

任务二　闸机控制系统构建

1. 系统硬件模块

在闸机系统中，采用了智能节点核心控制板、舵机执行器、LCD 显示屏、语音识别模块摄像头等硬件模块。

（1）智能节点核心控制板：主要实现与项目软件部分进行通信，获取车牌识别结果并将闸机状态上传，同时通过串口控制舵机执行器开关，控制 LCD 显示屏显示车牌号等功能。

（2）舵机执行器：舵机是一种位置（角度）伺服的驱动器，适用于一些需要角度不断变化并可以保持的控制系统。舵机实际上是一种俗称，其实是一种伺服马达。

舵机 SG90 由三根线控制。暗灰色线为 GND，地线；红色线为 VCC，电源线，工作电压为 4.8~7.2V，通常情况下使用+5V 作为电源电压；橙黄色线为控制线，通过该线输入脉冲信号，从而控制舵机转动，其转动角度为 180°。

（3）LCD 显示屏：TFT-LCD，即薄膜晶体管液晶显示器，主要实现车牌号和车位数显示功能。

2. 基于车牌识别的道闸控制系统

1）车牌识别功能插件构建

实现第一个功能插件——车牌图像获取功能插件，调用摄像头获取车牌图像，获取车牌识别结果消息队列，并调用函数实现车牌识别结果绘制。

```python
class VideoThread(threading.Thread):
    def __init__(self, camera="0", q_flask:Queue=None,
                    q_img:Queue=None, q_rec:Queue=None, q_send=None, full_dict=None):
        threading.Thread.__init__(self)
        self.cap = setCamera(camera)        # 网络摄像头
        self.q_flask = q_flask
        self.q_img = q_img                  # 消息队列传递原始图像到识别插件
        self.q_rec = q_rec                  # 消息队列传递 AI 模型的推理结果
        self.full_dict = full_dict
        self.embd_drive = EmbdDrive(q_send=q_send)
    def run(self):
        pricet = []
        while True:
            if self.cap != "":
                ret, frame = self.cap.read()
                # 调用摄像头，获取车牌图像帧
                frame = cv2.resize(frame, (ai_cfg.CAM_WIDTH, ai_cfg.CAM_HEIGHT))
                # 原始图像传递
                if not self.q_img.full() and not frame is None:
                    self.q_img.put(bytearray(frame))
                if not self.q_rec.empty():
                    pricet = self.q_rec.get()   # 获取车牌识别结果消息队列
                frame, lpr_strs = recImgDis(frame, pricet)  # 车牌识别结果绘制
                self.embd_drive.gatePlate(lpr_strs[0])
                self.full_dict[config.PLATE_STR] = lpr_strs[0]
```

```
                    log.info(lpr_strs)
                    # 传递结果绘制图像
                    if not self.q_flask.full() and not frame is None:
                        self.q_flask.put(bytearray(frame))
```

2）车牌识别模型推理功能插件实现

实现第二个功能插件——车牌识别模型推理功能插件，获取待识别车牌图像，调用车牌识别函数实现车牌识别，并将识别结果传递到消息队列。

```
class FaceMaskRecThread(threading.Thread):
    def __init__(self, q_img:Queue=None, q_rec:Queue=None):
        threading.Thread.__init__(self)
        self.q_img = q_img              # 消息队列传递原始图像到识别插件
        self.q_rec = q_rec              # 消息队列传递 AI 模型的推理结果
        self.face_detect_rec = LicensePlateRec(detect_path=ai_cfg.PLATE_DETECT_PATH,
                                               ocr_rec_path=ai_cfg.PLATE_OCR_PATH,
                                               ocr_keys_path=ai_cfg.OCR_KEYS_PATH,
                                               l12_path=ai_cfg.L12REC_PATH)

    def run(self):
        while True:
            if self.q_img.empty():
                continue
            else:
                image = self.q_img.get()  # 获取当前图片帧
                if image != False:
                    image = np.array(image).reshape(ai_cfg.CAM_HEIGHT, ai_cfg.CAM_
WIDTH, 3)
                else:
                    break
                face_detect_pricet = self.face_detect_rec.inference(image)  # 调用车牌识别模
型推理函数
                if self.q_rec.full():
                    continue
                else:
                    self.q_rec.put(face_detect_pricet)  # 传递识别结果 q_rec 消息队列
```

定义车牌识别模型推理函数，输入待识别车辆图像，调用车牌检测级联分类器模型提取车牌图像，再对提取出的车牌图像进行矫正和精提取，最后调用 OCR 字符识别模型和字符标签文件输出车牌号。

```
class LicensePlateRec(object):
    def __init__(self, detect_path=PLATE_DETECT_PATH,      # 车牌检测级联分类器
```

```
                ocr_rec_path=PLATE_OCR_PATH,          # OCR 字符识别模型
                ocr_keys_path=OCR_KEYS_PATH,          # 字符标签文件
                l12_path = L12REC_PATH):              # 车牌精定位模型
        # 加载车牌检测的级联分类器
        self.watch_cascade = cv2.CascadeClassifier(detect_path)
        self.model12_rec = model12Rec(l12_path)
        self.onnx_run = OnnxRun(model_path=ocr_rec_path)
        self.postprocess_op = ProcessPred(ocr_keys_path, 'ch', True)
        self.predictions = []
    # 输入数据预处理函数
    def imgPreprocessing(self, img):
        h, w = img.shape[:2]
        max_wh_ratio = w * 1.0 / h
        imgC, imgH, imgW = [int(v) for v in "3, 32, 100".split(",")]
        assert imgC == img.shape[2]
        imgW = int((32 * max_wh_ratio))
        h, w = img.shape[:2]
        ratio = w / float(h)
        if math.ceil(imgH * ratio) > imgW:
            resized_w = imgW
        else:
            resized_w = int(math.ceil(imgH * ratio))
        resized_image = cv2.resize(img, (resized_w, imgH)).astype('float32')
        resized_image = resized_image.transpose((2, 0, 1)) / 255
        resized_image -= 0.5
        resized_image /= 0.5
        padding_im = np.zeros((imgC, imgH, imgW), dtype=np.float32)
        padding_im[:, :, 0:resized_w] = resized_image
        padding_im = padding_im[np.newaxis, :]
        return padding_im
    # 车牌识别
    def inference(self, img):
        lpr_strs = []
        boxs = []
        # 车牌区域提取
        images = detectPlateRough(self.watch_cascade, img, img.shape[0],
                                  top_bottom_padding_rate=0.1)
        for i, plate in enumerate(images):
            plate, rect, origin_plate = plate    # 边距填充后的车牌、车牌坐标、原始车牌
```

图片

```
        plate = cv2.resize(plate, (136, 36 * 2))
        plate = findContoursAndDrawBoundingBox(plate)  # 车牌位置字符较正
        plate = finemappingVertical(self.model12_rec.inference(plate), plate)  # 垂直精
```

细绘图

```
        plate = finemappingVertical(self.model12_rec.inference(plate), plate)  # 垂直精
```

细绘图

```
        input_data = self.imgPreprocessing(plate)      # 输入数据预处理
        ocr_rec = self.onnx_run.inference(input_data)  # 字符识别模型推理
        # 调用字符标签文件解析车牌字符识别模型输出结果
        lpr_str = self.postprocess_op(ocr_rec[0])[0]
        boxs.append(rect)         # 获取车牌位置
        lpr_strs.append(lpr_str[0])  # 获取车牌识别结果
    self.predictions = [lpr_strs, boxs]
    # 返回车牌号和车牌位置
    return self.predictions
```

识别到车牌后，将识别结果传递到 q_rec 识别结果消息队列，车牌图像获取线程就会对识别结果进行绘制。根据返回的车牌位置坐标，利用 OpenCV 绘制出矩形框将车牌框选出，再将车牌号显示到矩形框上方，从而实现车牌识别结果的可视化显示。

```
# 绘制识别结果
def recImgDis(img, process_pred, font_path=False):
    lpr_strs = []
    if process_pred:
        lpr_strs, boxs = process_pred
        for i, rect in enumerate(boxs):
            cv2.rectangle(img, (int(rect[0]), int(rect[1])),
                            (int(rect[0] + rect[2]), int(rect[1] + rect[3])),
                            (0, 0, 255), 2, cv2.LINE_AA)
            cv2.rectangle(img, (int(rect[0] - 1), int(rect[1]) - 16),
                            (int(rect[0] + 115 + 50), int(rect[1])),
                            (0, 0, 255), -1, cv2.LINE_AA)
            if font_path:
                img = putText(img, str(lpr_strs[i]),
                                org=(int(rect[0]+1), int(rect[1]-16)),
                                font_path=FONT_PATH)
            else:
                img = putText(img, str(lpr_strs[i]), org=(int(rect[0]+1), int(rect[1]-16)))
    if not lpr_strs:
```

```
        lpr_strs.append("")
    return img, lpr_strs
```

识别效果如图 2-7-11 所示。

图 2-7-11　车牌识别效果

3）道闸控制系统功能插件构建

实现第三个功能插件——道闸控制系统功能插件，将车牌识别结果以及闸机控制指令传递给闸机控制系统。

识别到车牌后不能直接将字符识别结果传递到道闸控制系统，需要将字符识别结果进行转换后再发送给道闸控制系统。

```
# 嵌入式系统控制指令转换
def gatePlate(self, plt="京 1_+23)(456"):
    # 清除字母数字之外的所有字符
    plate = re.sub("\W", "", plt)
    plate = re.sub("_", "", plate)
    try:
        if len(plate) < 7:
            log.error("--plate_len_err!!")
        else:
            plate_label = ["","京","津","沪","渝","冀","豫","云","辽","黑","湘","皖","鲁","新","苏","浙","赣","鄂","桂","甘","晋","蒙","陕","吉","闽","贵","粤","青","藏","川","宁","琼"]
            # 将汉字转换为十六进制表示的通信协议(数字字符串直接转十六进制数)
            dat = 0x01
            for i, st in enumerate(plate_label):
                if st == plate[0]:
                    dat = hex(int(str(i), 16))
            plate = list(map(ord, plate[1:]))
            a, b, c, d, e, f = plate
            send_dat = np.zeros((12,), np.uint8)
            send_dat[0] = 0x55
            send_dat[1] = 0xDD
            send_dat[2] = 0x01
            send_dat[3] = int(str(dat), 16)    # 以十六进制格式转换为十进制
```

```
                        send_dat[4] = a
                        send_dat[5] = b
                        send_dat[6] = c
                        send_dat[7] = d
                        send_dat[8] = e
                        send_dat[9] = f
                        send_dat[10] = 0x01
                        send_dat[11] = 0xBB
                        if not self.q_send.full():
                                self.q_send.put(send_dat)    # 传递识别结果
            except:
                    log.error("车牌字符格式错误," + str(plate))
                                log.info(buf)
```

将转换的结果发送到闸机控制系统，控制闸机开启

```
class DataSendThread(threading.Thread):
    def __init__(self, client, q_send: mp.Queue):
        """
        嵌入式系统控制指令发送线程
        :param client: wifi/usart 的对象 用于获取 send 函数
        """
        threading.Thread.__init__(self)
        self.q_send = q_send
        self.client = client
        self.flag = True
    def setFlag(self, flag: bool):
        self.flag = flag
    def run(self):
        buf = np.zeros(12)
        # 获取消息队列并发送
        while self.flag:
            if self.q_send.empty():    # 获取车牌转换结果
                continue
            else:
                dat = self.q_send.get()
                if flag:
                    self.client.send(dat)    # 发送车牌转换结果到闸机控制系统
                    log.info(dat)
```

参考文献

[1] 李斌. 嵌入式人工智能[M]. 北京：清华大学出版社，2023.

[2] 滕少华，黎坚，龙晓琼，等. 边缘计算及应用[M]. 北京：清华大学出版社，2024.

[3] 吴英. 边缘计算技术与应用[M]. 北京：机械工业出版社，2022.